JN098704

本当に実務に役立つ プリント配線板の エッチング技術

中川登志子／雀部俊樹／秋山政憲
片庭哲也／加藤凡典【著】
神津邦男【監修】

第2版

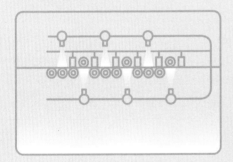

日刊工業新聞社

推薦のことば

　エッチングと言えば、銅張り板にマジックインキでパターンを書いて液につけてエッチングし、何かの基板をつくった記憶がある人も多いと思う。昔から親しみを持っている言葉ではあるが、今回本書を読んで、エッチングというのは幅広く、かつ、なかなか奥行きも深いものだと再認識した。本書の第1章にも紹介されているが、エッチングはプリント配線板の回路形成は言うに及ばず、リードフレーム、TAB、COFのリード形成などから、ビアホール形成、表面処理やマスク作製など、また、導体材料ではないが、フォトレジストのパターン形成なども含め、実装から半導体にいたるまで非常に多くの加工工程に使用されている主要な技術である。その使い方も、プリント配線板の中だけでも、導体パターン形成、エッチダウン、酸化膜除去、ビア底デスミア、各種表面粗化、シード層除去などなど、精密にものを仕上げるための中心となる重要な技術と言える。

　しかしながら、これまでエッチングについての包括的で、かつ、わかりやすい解説書はみあたらなかった。本書は各著者がそれぞれの専門分野について、実務的な面から詳細に解説したものであり、技術の理解については当然であるが、実際の現場で必要な事柄に多くのページを割いている。

　第1章はすでに紹介したが、第2章ではエッチングの性能と効果の評価方法など原理と実地、第3章、第4章では材料である銅に関する内容で、種々の銅の結晶状態と熱処理後の変化や、結晶粒の配向と表面粗化の関係など金属学的な内容、第5章はエッチング液について細線化のための処方から再生方法まで、第6章では装置についてエッチング装置から液の分析装置にいたるまで、生産上の歩留まり改善などの経験から得られたと思われる、装置の構造や調整から構成する材料などが解説されている。第7章はリードフレームのエッチングについて、第8章のトラブルシュートまで、全章が実務的内容で埋められている。

　私も開発の現場で、種々のケースのエッチングのデータを必死に見る機会が多かったが、その時、このような本があったらミスを防いだり、余計な回り道をしないですんだと思う内容があちこちにある。本書は、実際にエッチングを担当するエンジニアはもちろんであるが、実装のエンジニアであればだれでも基本知識の一冊として、ぜひ書棚にそろえておきたい本だ。

塚田　裕

アイパックス代表

1

『本当に実務に役立つ プリント配線板のエッチング技術』第2版　●目次

第1章　プリント配線板の製造工程とエッチングの役割

第**2**章 エッチングの性能評価

第6章　エッチング装置

第7章 リードフレームにおけるエッチング技術

第8章 トラブルシューティング

第9章　品質関連用語解説

■ 執筆担当およびご協力いただいた方々 (敬称略)

はじめに、第1章1.1節 ……雀部俊樹

第1章　1.2～1.4節[1] ………中川登志子、雀部俊樹

第2章 …………………………雀部俊樹

第3～4章[2] …………………ご協力：小畠真一 (三井金属鉱業株式会社)

第5章 …………………………雀部俊樹

第6章 …………………………秋山政憲、片庭哲也

第7章 …………………………加藤凡典

第8章 …………………………秋山政憲

第9章 …………………………雀部俊樹

注：

1) 第1章の1.2～1.4節は初版の内容を中川登志子が中心となり改訂したものです。

2) 第3章および第4章は初版の内容を小畠真一氏のご協力のもと一部改訂したものです。

はじめに

1. プリント配線板とは

　エレクトロニクスの発展はますますその速度と広がりを増し、パーソナルコンピューターやスマートホンを始めとする電子機器が現代の生活には欠かせないものとなってきている。

　このように身近になってきた電子機器のなかにあり、その機能を実現しているもの、それがプリント回路（printed circuit）である。プリント回路（あるいはプリント回路アセンブリー（printed circuit assembly）ともいう）は、多数の電子部品をプリント配線板（printed wiring board）の上に搭載したものである。電子部品を相互に電気的に接続して電子回路を形成するとともにその部品を物理的に支持する役割を担うのがプリント配線板である。

$$\text{プリント回路 = 電子部品 + プリント配線板}$$

という関係になっている（図1）。

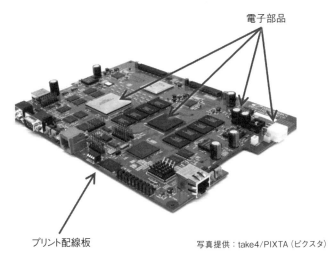

電子部品

プリント配線板

写真提供：take4/PIXTA（ピクスタ）

図1　プリント回路の構成要素

プリント配線板の製造においては、機械的加工（切削、研削など）と化学的処理（化学薬品による処理、化学反応を用いた工程）が組み合わされて用いられている。

用語解説 プリント配線板、プリント回路 ─────────

「プリント配線板」はPWBと略される場合がある。

「プリント配線板」という用語に別の修飾語が付いて複合語になる場合は、長くて煩雑になることを避けるために、誤解が生じない限り「配線板」あるいは「基板」と略す場合が多い。「フレキシブルプリント配線板」を「フレキシブル配線板」、「多層プリント配線板」を「多層基板」などと称する。ただし、「基板」の語を単独で用いるのは、意味が曖昧になる場合が多いため、避けるべきである。

「PCB」（Printed circuit board ＝ プリント回路板）は部品が実装された「プリント回路」のことを指す場合もあれば、「プリント配線板」を指す場合もある、曖昧な用語である。

「プリント回路」を、一般的なメディア（新聞など）では「電子基板」と呼ぶ場合がある。

日本標準産業分類（日本の公的統計における産業分類）ではプリント配線板を「電子回路基板」、プリント回路を「電子回路実装基板」として製造業を分類している。公的統計（経済産業省の生産動態統計調査など）では、これらの用語が用いられている。

─────────────────────────────────

プリント配線板は単純な構造のものから、最新の複雑な構造のものまで様々ある。図2にその例を示す。

なお、本書では、プリント配線板の構造を示すにはもっぱら断面図を使う（図3）。

この図にある片面、両面、多層、ビルドアップ多層の各種プリント配線板を以下に説明する。

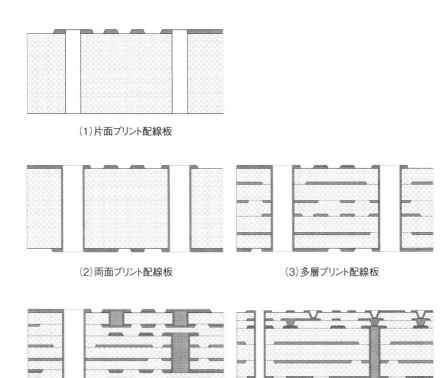

(1)片面プリント配線板

(2)両面プリント配線板

(3)多層プリント配線板

(4)シーケンシャル多層プリント配線板

(5)ビルドアップ多層プリント配線板

図2　プリント配線板の構造（断面図）

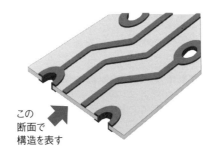

この
断面で
構造を表す

図3　プリント配線板の構造（斜視図と断面図の関係）

一番単純な構造の片面プリント配線板（層数1のプリント配線板）[*1]では、絶縁材料の上に銅により配線パターンを形成し、部品取付け用の穴を設け、さらにその上に回路保護用の絶縁膜を形成（はんだ付けなど接合用の部分を除いて形成）したものである。絶縁材料の板の表面に銅箔を貼り付けた板（銅張積層板、CCL = copper-clad laminate）を原材料として用い、回路部分以外の銅を除去して回路を形成し、表面保護用絶縁膜（ソルダーレジスト）をスクリーン印刷で形成するのが一般的である。

銅張積層板とは、基材（紙、ガラスクロスなどの板に剛性を与えるための強化材）に未硬化の樹脂材料を染み込ませたシート（プリプレグと呼ぶ）を複数枚重ね、表面に銅箔を置き、積層プレスにより高温高圧を加えて一体化させたものである。表面に銅箔を有する繊維強化プラスチックの板材である。プリント配線板メーカーには銅張積層板メーカーが材料として供給している（プリプレグの語は「あらかじめ含浸させた」の意味であるpre-impregnatedに由来する）。

両面プリント配線板（層数2のプリント配線板）は銅の配線パターンを裏面・表面の両面に形成し、表裏を銅めっきした貫通穴（スルーホール）でつないだものである（このようなめっき貫通穴を「めっきスルーホール」と呼び、この種の貫通穴のめっきを「スルーホールめっき」と呼ぶ）。X-Y方向（板と平行の方向、面方向）の接続配線を表裏2層の配線パターンで実現し、Z方向（板と垂直方向、厚さ方向）の接続をめっき穴の配置により実現して配線ネットワークを形成している。

このようなZ方向の電気的接続のための穴をビアホール（via hole）[*2]と呼んでいる。部品取り付けのための部品穴（component hole）に対して接続経路の

---

*1 プリント配線板は配線層と絶縁層からなるが「○層のプリント配線板」という場合の層数は配線層の数を示す。一方、フレキシブルプリント配線板の材料であるフレキシブル銅張積層板（FCCL）では銅箔、接着剤層、ベースフィルムからなる構造を3層 FCCL と呼び、接着剤層がない場合あるいは接着剤層とベースフィルムが同一材料の場合2層 FCCL と呼んでいる。
*2 via の日本語表記としては「ビア」、「ヴィア」、「バイア」、「ヴァイア」などがあるが、本書では「ビア」を用いる。

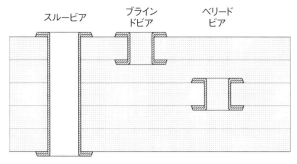

（1）積層法（機械穴あけ）によって作られた各種ビア

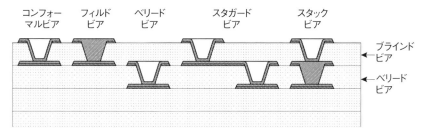

（2）ビルドアップ法（レーザー穴あけ）によって作られたマイクロビア

図4　各種のビア

穴という意味の用語である（なお、ビアホールは単にビアと呼ぶ場合が多い）。

　ビアホールの種類に関しては図4を参照のこと。

　多層プリント配線板（層数3以上のプリント配線板）は、製品内部に配線パターンを作成した銅張積層板から出発して、両面プリント配線板と同じプロセスで表面パターンとスルーホールを形成したものである。具体的には、内層配線パターンを形成した両面プリント配線板（ただしめっき穴はなし）とプリプレグを交互に重ね、両面に銅箔を置いて、積層プレスで一体化させる工程により、内層配線入り銅張積層板を作成し、それを用いて両面プリント配線板と同じ工程により製造する。

　ビルドアップ多層プリント配線板は、多層プリント配線板の表面に、絶縁層、ビア、配線を形成する工程を繰り返して、1層ずつ積み上げて製造したプ

リント配線板である。微細なビア（マイクロビアと称する）と微細な配線が可能になる。高密度配線が要求される最新の電子機器ではこの種類のプリント配線板が主流となっている。

2. プリント配線板の製造方法

プリント配線板の製造方法の概略を図5に示す。この図はビルドアップ多層プリント配線板の製造工程を示している。この図からビルドアップ工程を省いて「前工程」から直接「後工程」に行けば、一般の多層プリント配線板の製造工程となる。さらに、「内層工程」を省けば、両面プリント配線板の製造工程になる。

銅箔（あるいは銅箔と銅めっき層からなる銅層）が全表面に存在する状態から出発して、不必要な部分の銅の除去を行って配線を作成することを複数回繰り返してプリント配線の主要部分ができあがり、それに付帯的加工を行うことでプリント配線板となることがわかる。

なお、図5の製造方法にある「穴埋め」と「蓋めっき」に関しては図6を参照。

3. 配線パターンの形成

プリント配線板の製造工程の中で配線パターンを形成するのは、

- 必要な部分に導電体である銅を形成するのが「めっき」
- 不必要な部分の銅を除去し配線パターンを形成するのが「エッチング」

となり、「めっき」と「エッチング」というプロセスが重要な役割を担っている。

いままでの説明では単に「不必要な部分の銅をエッチングで除去し…」などと記述していたが、これは具体的には、配線となる部分を銅以外の物質で覆い、覆われていない部分の銅をエッチング液により溶解する工程である。このような銅を覆ってエッチング液の作用が覆った部分に及ばないようにする物質をエッチングレジストという。

プリント配線板の製造には、感光性のレジスト（フォトレジスト）を用いた

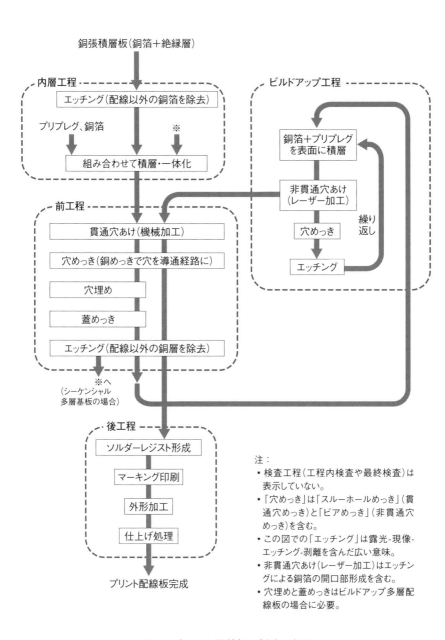

図5　プリント配線板の製造工程図

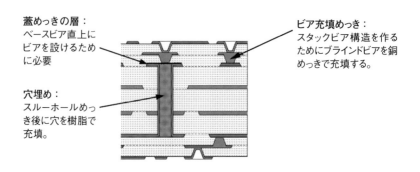

図6　ビルドアップ多層配線板の穴埋めと蓋めっき

写真法（フォトリソグラフィー）が用いられる。レジストの形状としては、液体レジスト材料を塗布するのではなく、フィルム状のレジストを貼り付ける方法が一般的である。このようなフィルム状レジストをドライフィルムフォトレジストと呼ぶ（ただし、片面プリント配線板ではスクリーン印刷法によりエッチングレジストを形成する方法も用いられている）。

4. この本について

　上で述べたように、不必要な部分の銅を除去し配線パターンを形成する「エッチング」のプロセスが、プリント配線板において重要な役割を担っている。

　本書はこのエッチング技術をメインのテーマとして、プリント配線板の製造工程を解説したものである。

　エッチング技術は、不要の銅を除去し配線パターンを形成する目的だけではなく、それ以外の用途にも使われている。表面の微量な銅を除去し、清浄な表面を得る、あるいは適正な粗さの表面を得るなどの目的である。本書では、このような応用例も含んで解説をした。

　主な読者としてはプリント配線板製造に携わる技術者を想定しているが、プリント配線板の調達あるいは設計に携わるユーザー、およびエレクトロニクス製品のハードウェアに興味のある一般技術者にもわかりやすいように初歩的事項から丁寧に説明するよう心がけた。

本書は2009年に発行した技術図書の改訂版である。

著者らは、エッチング以外にも、プリント配線板の製造工程に関わるめっき［文献1］、研磨［文献2］、回路形成［文献3］の各工程の技術を解説した図書を上梓している。本書の改訂にあたっては、初版発行以降の技術的進展を反映させるとともに、これらのシリーズ姉妹図書とも合わせ全体像が把握できるように留意した。

本書が読者のプリント配線板製造技術の理解にすこしでも役立てば幸いである。

参考文献

1. 雀部俊樹, 秋山政憲, 加藤凡典："本当に実務に役立つプリント配線板のめっき技術", 日刊工業新聞社, 2012
2. 小林正, 雀部俊樹, 片庭哲也, 秋山政憲, 長谷川堅一："本当に実務に役立つプリント配線板の研磨技術", 日刊工業新聞社, 2018
3. 雀部俊樹, 秋山政憲, 片庭哲也："実務に役立つプリント配線板の回路形成技術", 日刊工業新聞社, 2019

第 1 章

プリント配線板の製造工程と
エッチングの役割

1.1 プリント配線板の製造工程とエッチング

1.1.1 プリント配線板の開発とエッチング技術

　プリント配線板が量産スケールで実用化されたのは、第二次大戦中に開発された軍事技術である近接信管（proximity fuse）に採用されたのが最初である。砲弾に無線発信器を搭載し、航空機（高射砲の場合）あるいは大地（爆弾の場合）のような大きな反射体に接近したことを検知して爆発する信管であった［文献1］。小型かつ堅牢な電子回路を大量に生産する必要に迫られたことが、当時黎明期を迎えていたプリント配線板の大規模採用に結びついた。

　しかし、この近接信管で用いられたプリント配線板は、銅箔をエッチングして回路形成したものではなく、セラミック基板の上に導電ペーストを印刷して作られたものだった。

　1945年に第二次大戦が終了し、それまで軍事機密であった技術が公開され、民間への転用が始まった。プリント配線板も非軍事用途に急速に広まっていった。しかしそのときに主導権を握ったのは、近接信管に使われた導電ペースト印刷法ではなく、銅箔をエッチングして回路形成する方法（エッチトフォイル法、プリントエッチ法*1）であり、セラミック基板ではなく、フェノール樹脂やエポキシ樹脂を紙やガラス布で強化した有機材料であった。

　これには、1930〜40年代にすでにプリント板の製造技術を開発し、戦後の先駆的業績から"プリント回路の父"と称されるようになった発明家

---

*1　プリントエッチ法：英語の print and etch process の訳語。

ポール・アイスラーPaul Eisler（1907〜1995）を初めとする、先駆的な技術者たちが銅箔エッチング法を推進したからであった。当時の技術の集大成とも言えるアイスラーの著書 "Technology of Printed Circuits – The Foil Technique in Electronic Production"（1959年発行）［文献2］のタイトルの

表1.1　プリント配線板の歴史

時　代			マイルストーン	
助走期間	〜1940頃	特許はいろいろ出てきているが、普及は進まない。種々のアイデアの熟成期間。	1903年	Albert Hansonの特許：おそらく世界最初のプリント回路のアイデア。銅あるいは真鍮のパターンを切断し、パラフィン紙の上に貼り付け、アクセスホールを通して上下を導通した構造。
			1913年	Arthur Berryの特許：最初のエッチング法による回路形成。ただし電熱器ヒーター用。
			1918年	Max Schoopの特許：溶射によるボビン上の巻線回路形成（溶射技術自体はSchoopにより1909年に発明されていた）。
			1923年	F.Seymourの特許：ペースト印刷＋めっきで導電性強化（Print and plate法）。
			1926年	Cesar Paroliniの特許：ダスティング法。接着剤でパターン印刷 → 銅粉末添加。その他、ジャンパー線の概念を確立。
			1933年	E.Franzの特許：カーボン印刷＋銅めっき。アコーディオン回路。現在のフレキシブル基板を利用した3D回路の先駆。
黎明期	1935〜1945	現在の銅箔エッチング工法の誕生。軍需技術として大量生産。	1941〜42年	Paul Eisler、銅箔エッチング法のプリント配線板を開発。現代のプリント配線板の元祖である（特許は1943年2月）。
			1942年	近接信管の大量生産始まる。セラミック板の上に導電ペスト印刷。現在のセラミック配線板の元祖である。
普及期	1945〜1960	軍需技術の民間転用がすすむ。銅箔エッチング工法の普及。	1950年代前半	NBSのTinkertoyプロジェクト。標準化プリント配線モジュールの自動化生産。
			1951年	NBSのポケットラジオの記事がNational Geographic誌の紙面を飾る。
			1959年	Paul Eisler、銅箔エッチング法の技術の集大成を"Technology of Printed Circuits – The Foil Technique in Electronic Production"として出版。
発展期	1960年代	両面板の時代	1961年	Shipleyのスルーホールめっきの特許。
			1968年	DuPontがプリント配線板用の世界初のドライフィルムフォトレジストRistonを開発。
	1970年代	多層板の時代	1970年	IBMがSystem/370を発表。（LSIを用いた大型計算機の時代が到来。コンピュータ業界で多層板開発競争が始まる）。
	1980年代	表面実装の時代		注：表面実装技術自体は1960年ころから軍事用途に使用。ただし、爆発的に普及したのは1980年代である。
	1990年代	ビルドアップ配線板の時代	1991年	IBMがSLC（Surface Laminar Circuit）を発表。ビルドアップ配線板の普及がここから始まる。
転換期	2000〜現在	部品内蔵基板、光回路基板など		多様化と需要拡大の時代。プリント配線板のコモディティ化。半導体パッケージ用サブストレートの発展。電子部品、光回路との融合。モバイルデバイス用の需要大爆発。IoT、AI、5Gなどの用途拡大。

"Foil Technique"（銅箔技法）という言葉に、その意気込みが感じられる（発明家アイスラーの生涯に関しては、コラム『プリント回路の父』を参照）。

　金属の必要部分（回路配線の部分）をエッチングレジストで覆い、不必要部分（回路にならない部分）をエッチングで除去するというこの方法は、銘板や印刷版の製造技術として19世紀から実用化されている伝統的な写真製版（photoengraving）技術を、電子回路へ転用したものであった。

　プリント配線板の歴史をまとめると**表1.1**のようになる［文献3］。

用語解説　エッチング ─────────

　プリント配線板はエッチングで作るものという強い概念がエンジニアの間に広まり、etchという英語の単語は、慣用語としてエッチングによって作られた配線パターン、およびプリント配線板自体をさすようになっている。例えば、etch drawing＝パターン図、etch cut＝パターンカット、etch rev＝プリント板版数、などのような用語である。なおetchという英語の語源はeat（食べる）と同じである。漢字文脈ではエッチングを「食刻」「腐食」などと称するのに対応する。

Column　　**プリント回路の父**

───────────────────────────────

　Paul Eisler（1907-1995）は、『印刷回路の父（Father of the Printed Circuit)』とも呼ばれていた著名な発明家である。ウィーン生まれのユダヤ人。1930年ウィーン工科大学卒業。ベオグラードで列車にラジオを搭載するHMV社の技術者として働いた後、ウィーンで印刷会社に就職。当時から発明家としてのセンスは高く、当時の新技術であるテレビ技術を知り、すぐに縦方向に走査すれば立体テレビが実現できると見抜いたほどである。ヒットラーのユダヤ人に対する迫害は日増しにひどくなり、それを逃れて1936年にイギリスへ渡る。そのころから一人で開発していた印刷回路（銅箔をエッチングして回路パターンを形成）の技術を、ラジオ機器のメーカーに対して売り込みをはかる。しかし機器メーカーには、

『女子［を使った手作業の配線］のほうが安いし、いろいろなことができる』（Girls are cheaper and more flexible.）と拒絶され、うまく進まない。1939年対独開戦とともに、敵国人として一時拘束されるが、1941年以降は、近接信管用印刷回路の製造などで対独戦に注力。戦後、発明した印刷回路（現在のプリント回路）の普及に奔走。1948年、Technograph社を創立する。しかし、社内での意見の対立などから、次第に事業からは遠ざかってゆく。1963年アメリカで自身のプリント回路特許を侵害しているとして、Bendix社相手に訴訟をするも敗訴。個人の発明家が大企業を訴えることの難しさを示した形となる。その後、プリント回路からは離れて、フリーランスの発明家としてさまざまな発明をする。壁紙などに電気ヒーターを組み込んだフィルムヒーターの事業は将来有望と思われたが、ちょうど英国が北海ガス田の開発に成功した時期にかさなり、ガスの価格低下によって電気ヒーター事業は失敗に終わる。プリント回路の他にEislerの発明したものには、フィルムヒーター関連ではピザウォーマーや自動車のリアウィンドウの曇り止めヒーター、映画配給会社に勤めていたころに必要にせまられて作り出したシートカバーなどがあるが、どれも事業化に成功したとは言えない。Eislerにとって生涯をかけた発明は、やはりプリント配線板であった。それを象徴するように、1989年Eisler 82歳のときに出版した自伝のタイトルは、"My Life with the Printed Circuit"（印刷回路と共に生きた我が生涯）であった［文献4］（図1.1）。

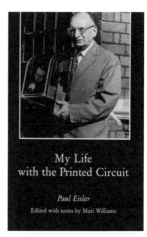

図1.1　自分の発明を抱える Paul Eisler の写真―晩年出版した自伝［文献4］の表紙より

1.1.2　エッチング法とパターンめっき法

回路パターンが1層の配線板（片面プリント配線板）の場合、回路形成工程

は単純である。銅箔を貼り付けた絶縁基材（銅張積層板、CCL＝Copper Clad Laminate）に、回路パターン部分を覆うエッチングレジストを形成し、露出した銅をエッチングにより除去する。この方法を、プリントエッチ法と呼ぶ。

用語解説　▶ レジスト

　レジストresist とは「抵抗する、阻害する」という意味を持つ。プリント配線板でよく使われる意味では「次の処理を受けないようにするための物」となる。具体的には、表面に（部分的に）形成した金属や有機物の膜である。日本語では「レジスト」と音訳するが、中国語では「阻剤」あるいは「〜阻」である。

　この「次の処理」がなにかによって、レジストの呼び方も変わる。「めっきレジスト」は、ここはめっきされないようにするもの、「エッチングレジスト」は、ここでは（すなわち必要な回路部分では）エッチング液が銅を溶かさないようにするもの、という意味になる。

　はんだ付け（soldering）の時、はんだが余分なところに付かないよう、はんだ接合部以外の表面を覆っている有機膜をソルダーレジストと呼ぶのも、同じ考え方から来ている。ただし、英語ではsolder resist という用語もあるが、それよりもsolder mask という用語のほうが一般的である。はんだ付けの場合には、resistという、処理を「阻害する」という機能面の用語ではなくて、表面を覆い隠す（mask）という外観的（あるいは動作的）な感覚の言葉が英語圏では広まったのである。

　フォトレジスト（photoresist）という言葉は、これらとは異なり、写真法で形成するレジストという意味であり、米国Eastman Kodak 社が商品名KPR（Kodak Photo Resist）に用いて広まった用語である。

　しかし、回路が2層以上になり、層間接続をスルーホールめっきで実現するようになると、製造法は大別して次の2種になる。

　　（1）エッチング法：スルーホールめっきと同時にパネル全面に銅めっきを行い（「パネルめっき」と呼ぶ）、エッチングによって非回路部分の銅を除去して回路パターンを形成する方法。

　　（2）パターンめっき法：全面銅めっきは最小限にとどめ、スルーホールと

必要な回路パターン部分だけに銅めっき（「パターンめっき」）を行って回路パターンを形成する方法

またエッチングレジストの形成には次のような種別がある。

(a) 直接形成法：感光性ポリマーを用いた写真法あるいはインキを塗布する印刷法によりエッチングレジストを直接形成する方法（このようなポリマー・インキを有機レジストと呼ぶ)。

(b) 反転形成法：まず、めっきレジストとして、有機レジストにより逆パターンを形成し、次に銅以外の金属めっきによりエッチングレジストを形成し、有機レジストを剥離する方法（メタルレジストと呼ぶ)。

(c) エッチングレジスト不使用：セミアディティブ法（後述）などでは、非回路部分と回路部分との銅厚の差を利用してエッチングするため、エッチングレジストは使用しない。

感光性の写真法有機レジストとしては、フィルム状のものが一般的であり、ドライフィルムフォトレジスト*2と言われる。

エッチング法でもパターンめっき法でも、このドライフィルムフォトレジストを用いるのが一般的である。フォトレジストは、エッチング法ではエッチングレジストの形成に、パターンめっき法ではめっきレジストの形成に用いられていることになる。

ドライフィルムを用いたレジスト形成方法を図1.2 に示す。ドライフィルムフォトレジストは、フォトレジストを形成する感光性ポリマーフィルムが、保護フィルム（ポリエチレンフィルム）とカバーシート（PETフィルム）との間にはさまれた構造になっている。保護フィルムを剥がしながら、ホットロールラミネート法によりカバーフィルムと共にフォトレジストをワークに貼り付け、回路パターンの露光後にカバーフィルムを剥離し、現像へと進む。

---

*2 ドライフィルムフォトレジスト dry film photoresist：「ドライ」（dry）は「液体」（liquid）に対する語として用いられている。液体型レジストは膜形成方法（塗布方法）でいくつかに分類され、スプレー塗布法、静電塗布法、ロールコート法（片面型または両面型）、電着法（ED法）などがある。なお日本の材料メーカーは、ドライフィルムフォトレジストをDFRと省略して呼ぶ場合が多い。

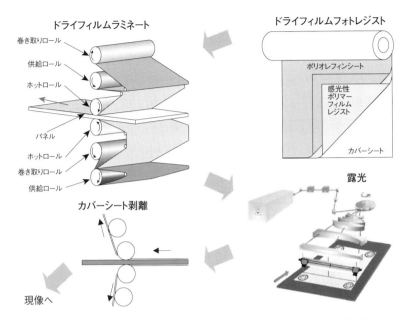

図1.2　ドライフィルムフォトレジストを用いたレジスト形成工程

　エッチング法では現在は有機レジストであるドライフィルムフォトレジスト
が用いられているが、歴史的に見るとメタルレジストが普及していたことも
あった。しかし、ドライフィルムフォトレジストの普及（1970年前後）が急
速に進んだため、エッチング法とメタルレジストの組み合わせは今ではほとん
ど用いられなくなった。

　メタルレジストを用いる工法では、エッチング液には「銅は溶かすが、レジ
スト金属は溶かさない」という選択性が必要となる。一般的な、はんだなどの
錫合金をメタルレジストとして用いる場合は、アルカリエッチング液が用いら
れる。

　エッチング法とパターンめっき法それぞれの工程を図1.3と図1.4に示す。
また、2つの方法の差異を表1.2に示す。

　パターンめっきは、各型番で違う様々なパターン形状にめっきを行うため
に、めっき厚の分布の制御が難しい。パターン密集部では電流密度は低く、

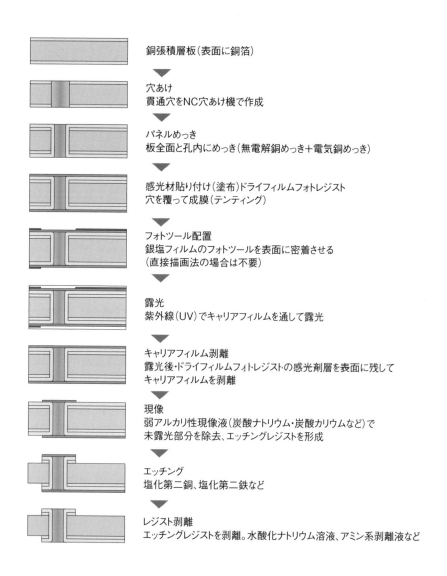

銅張積層板（表面に銅箔）

穴あけ
貫通穴をNC穴あけ機で作成

パネルめっき
板全面と孔内にめっき（無電解銅めっき＋電気銅めっき）

感光材貼り付け（塗布）ドライフィルムフォトレジスト
穴を覆って成膜（テンティング）

フォトツール配置
銀塩フィルムのフォトツールを表面に密着させる
（直接描画法の場合は不要）

露光
紫外線（UV）でキャリアフィルムを通して露光

キャリアフィルム剥離
露光後・ドライフィルムフォトレジストの感光剤層を表面に残して
キャリアフィルムを剥離

現像
弱アルカリ性現像液（炭酸ナトリウム・炭酸カリウムなど）で
未露光部分を除去、エッチングレジストを形成

エッチング
塩化第二銅、塩化第二鉄など

レジスト剥離
エッチングレジストを剥離。水酸化ナトリウム溶液、アミン系剥離液など

図1.3　エッチング法による回路形成工程
（この工程図は「はじめに」の図5プリント配線板の製造工程図 (p.17)の「前工程」部分の詳細です。）

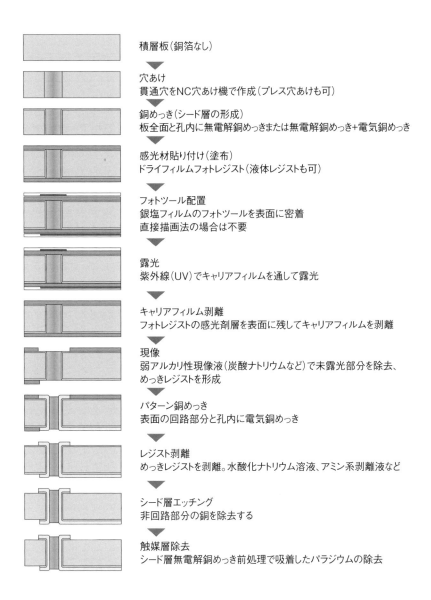

積層板(銅箔なし)

穴あけ
貫通穴をNC穴あけ機で作成(プレス穴あけも可)

銅めっき(シード層の形成)
板全面と孔内に無電解銅めっきまたは無電解銅めっき+電気銅めっき

感光材貼り付け(塗布)
ドライフィルムフォトレジスト(液体レジストも可)

フォトツール配置
銀塩フィルムのフォトツールを表面に密着
直接描画法の場合は不要

露光
紫外線(UV)でキャリアフィルムを通して露光

キャリアフィルム剥離
フォトレジストの感光剤層を表面に残してキャリアフィルムを剥離

現像
弱アルカリ性現像液(炭酸ナトリウムなど)で未露光部分を除去、
めっきレジストを形成

パターン銅めっき
表面の回路部分と孔内に電気銅めっき

レジスト剥離
めっきレジストを剥離。水酸化ナトリウム溶液、アミン系剥離液など

シード層エッチング
非回路部分の銅を除去する

触媒層除去
シード層無電解銅めっき前処理で吸着したパラジウムの除去

図1.4　パターンめっき法（セミアディティブ法）による回路形成工程

表1.2　パターンめっき法とエッチング法

項　目	パターンめっき法 （セミアディティブ法）	エッチング法
エッチング銅厚	非常に薄い （微細配線に有利）	厚い （微細配線には不利）
電気めっき厚分布	悪くなるリスクあり （穴径分布も悪くなる）	良好
フォトレジスト役割	めっきレジスト	エッチングレジスト
配線導体の断面形状 を決める因子	めっきレジストの側壁形状	サイドエッチ
工程	複雑	単純
用途	ICパッケージ基板などの 微細回路基板	一般基板

注：セミアディティブ法にはMSAP法も含む。

めっきは薄くなる。反対に、パターン疎部では電流密度は高く、めっきは局部的に厚くなる。めっきが厚くなる部分では、スルーホール内のめっきも厚くなるから仕上がり穴径が小さくなり、部品穴の場合は部品挿入不良につながる危険がある。

　この電流集中現象を除けば、微細配線のエッチングに有利なのは、エッチング厚の小さいパターンめっき法である。

　また半導体パッケージ用サブストレートにおいては、上述の論議とはやや異なる状況があり、パターンめっき法の優位性が大きくなる。単一機種を大量に製造する用途であるため、「個々の型番毎にパターンの均一性に対応する調整を行う」ことによる不利益は少なく、微細配線優位性の方が重視されるからである。

　このような微細配線が要求されるような用途では、パターンめっき法の1種であるセミアディティブ法（semi-additive process：SAP）、あるいはそれを改良したMSAP法（modified semi-additive process）が用いられている。なお、MSAP法というのは、極薄銅箔を表面層に貼り付けた銅張積層板、または銅箔をエッチダウンによって薄銅化した銅張積層板から出発することを除いてはセミアディティブ法と同じ工程である（アディティブ法の概要は次項で説明する）。

パターンめっき法と対比すると、エッチング法には次のような利点がある。

- めっき厚が均一である。パターンめっき法のように、個々の型番毎にパターンの均一性（粗密の状況）を気にしなくても良い。
- レジストとして厚さ・側壁形状の要求が厳しくないから、使えるレジストの自由度が大きい。
- 工程が単純であり、そのため生産性が高い。

このため、特に微細配線が要求されるプリント配線板以外は、通常の大量生産品で用いられるのはエッチング法である。

1.1.3 エッチングする銅の厚さとめっき厚

エッチング工程で、不要な部分の銅（例えば導体と導体の間の銅）を溶解するとき、深さ方向だけではなく、横方向にも溶解が進む。これをサイドエッチ（側方腐食）と呼ぶ。この効果により、導体の幅が減少する、すなわち配線が細くなり、微細配線の実現には障害になる。電子回路の高密度化、配線パターンの微細化が進むに連れて、エッチングする銅の厚さ自体を減らすことにより微細化に対応しようという試みが始まった。エッチングする厚さが小さければ、サイドエッチも小さいからである。

エッチング法ではなく、パターンめっき法で作成する回路導体には、サイドエッチにあたる形状はない。逆にレジストの側壁（サイドウォール）の形状が導体形状を決める。この比較を図1.5に示した。

銅張積層板から出発するプリント配線板製造工程では、エッチングで除去する銅層の厚さは、銅箔の厚さ＋パネルめっき（全面めっき）の厚さである。したがって、微細化のための対策は、

(1) パネルめっきの厚さを減らす（すなわちパターンめっき法を採用する）

(2) 銅箔の厚さを減らす（キャリア付き銅箔などの極薄銅箔の採用、あるいは薄銅化エッチング（エッチダウン）工程の導入）

の2点が主になる。

さらに銅箔の厚さを薄くするには、銅箔を完全になくしてしまい、積層板の絶縁層の上にシード層を直接めっきすることが考えられる。これがセミアディ

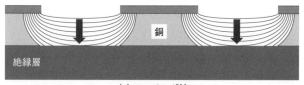

図1.5　エッチング法とパターンめっき法

ティブ法である。

キャリア付き銅箔

　通常18μm厚の銅箔の厚さをさらに減らしてゆくと、薄すぎて取り扱いが難しくなり、「しわ」などの問題も多くなる。このため薄い銅箔（およそ5μm以下の厚さの銅箔）は剛性を与えるためのキャリア（充分な剛性を有する支持用の金属箔）の上に銅箔を形成し、積層後にキャリア層を除去する方法が採用される。このような銅箔をキャリア付き銅箔、あるいは極薄銅箔（ultra-thin copper foil）と呼ぶ。

　キャリア付きの極薄銅箔は、スウェーデンのPerstorp社が1960年代に開発し、"UTC foil"という名で普及させたのが始まりである。

　キャリアの除去の方法は2種類ある。

（1）アルミニウム箔をキャリアとして使い、薬品（酸あるいはアルカリ）で溶解する（エッチャブル・キャリア）。この場合アルミニウム箔は機械穴あけ時の当て板（entry board）としての役割も果たすことができる。

（2）接着層を介して貼り付けた銅箔をキャリアとして使い、物理的に剥離する（ピーラブル・キャリア）。

　現在は後者の剥離式のものが大部分である。

*C*olumn　銅箔の厚さの単位

　紙、フィルムなどの厚さを表す場合と同様に、銅箔の厚さは単位面積あたりの重量で表示されていた。英米のポンド・フィート法では1 oz/ft^2、すなわち1平方フィート（929 cm^2）あたり1オンス（28.35g）が基本単位である。1 oz/ft^{2}の厚さのものを慣用的には1オンス銅箔と呼ぶ。

　銅箔の銅の密度を8.909g/cm^{3}として計算すると、これは34.25μmにあたる。慣用ではこれを35μm銅箔と称している。同じ計算によると1/2 oz/ft^{2}の箔（ハーフオンス銅箔）の厚さは17.13μmになるが、これがいわゆる18μm銅箔である。

　なお、英米で用いられている計量単位の分数表示は、小数点表示とは違って、まず1/2単位に分け、それより細かい場合には1/4単位、1/8単位、1/16単位と必要に応じて進んでゆく。3/8オンスなどという値が見られるのはこのためである。

1.1.4　アディティブ法とセミアディティブ法

　プリント配線板の製造方法は、すべて全面に銅箔が貼ってある状態（銅張積層板）から出発し、スルーホールがある場合には全面にめっきを行い、不要な部分（非回路部分）の銅層を除去する、というエッチング法が始まりであった。

　これに対して、銅箔を使わず、必要なところだけに銅めっきで回路を形成する方法が1960年代に開発され、アディティブ法（加算法 additive process）と称した。アディティブ法の開発者たちは、従来の方法をサブトラクティブ法（減算法 subtractive process）と呼び、アディティブ法の優位性を強調した。これ以降、エッチング法のことをサブトラクティブ法とも呼ぶようになった。

　なお、現在、光造形法や3Dプリンターを用いた製造法のことを、研削など機械加工による従来の製造法に対して、アディティブマニュファクチャリング（additive manufacturing：AM、JIS規格［文献5］の用語では「付加製造」）と称する。これは、プリント配線のアディティブ法と同じ考え方である。

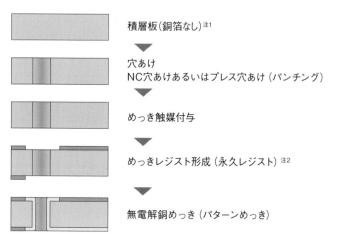

積層板（銅箔なし）注1

↓

穴あけ
NC穴あけあるいはプレス穴あけ（パンチング）

↓

めっき触媒付与

↓

めっきレジスト形成（永久レジスト）注2

↓

無電解銅めっき（パターンめっき）

注1：積層板の表面にめっき密着性向上のために接着剤層を形成する場合がある。また、積層板には無電解めっき触媒含有樹脂を使用する場合がある。
注2：永久レジストとは、ソルダーレジストと同様に、レジスト剥離は行われず最終製品まで残るレジスト。

図1.6　アディティブ法による回路形成工程（フルアディディブ法）

アディティブ法によるプリント配線板の製造法の特徴は次のとおりである。

- 原材料として銅張積層板を使用しない。銅箔なしの積層板から出発する。ただし、銅箔と同等の銅樹脂間密着を得るために、接着剤層を表面に形成する。
- 必要なところにだけめっきを行う。すなわち、パネルめっきがなく、パターンめっきだけですませる。表面回路とめっきスルーホールの形成を、パターンめっきだけの単一工程で完了させる。
- エッチング工程がない。
- 電気銅めっきの電気を供給するための（導電性下地の）銅箔あるいはパネルめっき層がない。したがって、パターンめっきには電気銅めっきが使えないから、無電解銅めっきで行う。

アディティブ法の工程を図1.6に示す。

アディティブ法には製造上で無電解銅めっきを用いるため、次のような不利

な点があった。

- 無電解銅めっきは電気めっきに比べてめっき速度が遅く、したがってめっき時間が長くなる。
- 無電解銅めっき液は高アルカリ、高温、長時間の処理になり、それに耐性を有する材料（レジストなど）が必要になるため、材料選択が難しい。
- 無電解銅めっきは浴管理が難しく、めっき液の内容（成分など）をよく理解したスタッフが必要となる。
- 無電解銅めっきの異常析出（非回路部分にもめっきが析出してショート不良を起こす現象）のリスクがあるため、微細回路に使用するのが難しい。

これらの点を改善するために考案されたのがセミアディティブ法（semi-additive process：SAP）である。「セミ」は「半分」という意味であり、本来のアディティブ法を半分利用したような工法となっている。また、セミアディティブ法に対して、本来のアディティブ法はフルアディティブ法（fully additive process）と呼ばれる。

セミアディティブ法の大きな特徴は、

(1) 銅箔なしの積層板を用いる〈この点はフルアディティブ法と同じ〉。
(2) 銅めっきは無電解銅めっきではなく、電気銅めっきによるパターンめっきを行う〈ここが違う〉。
(3) 電気銅めっきには給電用の薄い銅層（シード層）が必要になり、無電解銅めっきで形成する〈ここが違う〉。
(4) 回路形成後のエッチングが必要になる〈ここが違う〉。ただし、厚さが薄いため、非常に短時間のエッチングが可能である。

という点である。

シード層として通常は銅を用いるが、ニッケルの場合もある。下地がポリイミドの場合には、シード層としてNi-Crをスパッタ処理で形成する場合もある。

セミアディティブ法は、アディティブ法の困難な点（無電解銅めっきによるスルーホールめっき）を避けた工法ではあったが、工程の単純さなどのアディ

ティブ法の利点もなくなってしまったため、当初はあまり普及しなかった。ようやく近年、ビルドアップ多層配線板やサブストレート（ICパッケージ基板）などの進展とともに、パターンめっきによる微細配線の形成能力の高さが注目されて普及が進んだ。

　セミアディティブ法の一種として、MSAP法（modified semi-additive process）がある。これは、銅箔なしの絶縁材から出発するのではなく、薄い銅箔を貼り付けた絶縁材からスタートする工法である。

　元来のアディティブ法（フルアディティブ法）は、

　　(1)　銅箔なしの絶縁材の上に

　　(2)　無電解銅めっきで導体を形成する

という特徴を持つ工程であった。この (2) を「電気銅めっき」に変えたのが、セミアディティブ法である。さらに、(1) までも「薄いけれども銅箔あり」に変えてしまったのがMSAP法である。フルアディティブ法、セミアディティブ法に共通した「絶縁材の表面に密着力の高い銅めっきを形成するのが難しい」という難点を、銅箔を用いることで避けた方法がMSAP法である。

1.1.5　微細化の進行

　電子情報技術産業協会（JEITA）[*3]および日本電子回路工業会（JPCA）ではほぼ2年に1回、実装技術およびプリント配線板技術のロードマップを発行している。　ここで挙げられている回路導体幅の技術動向を見ると、図1.7のようになる。

　ここ20年あまり（2000年ころから2020年ころにかけて）、回路の微細化が着実に進んできたことがわかる。

　製造プロセスとしては、それほど微細でない場合はエッチング法、微細になればパターンめっき法（セミアディティブ法など）を採用するというのが一般的である。ただし、この2つの境界がどこにあるのかに関しては明確ではない。エッチング技術（処理液、処理装置、管理技術）の進歩により、エッチン

＊3　電子情報技術産業協会（JEITA）：前身の日本電子機械工業会（EIAJ）を含む。

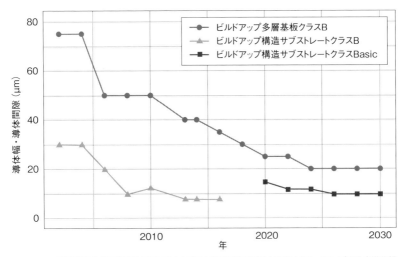

- 電子情報技術産業協会（JEITA）および日本電子回路工業会（JPCA）のロードマップの最小導体幅・最小導体間隙の値をプロットした。
- 2020年までは各年度のロードマップが推測した現在値、それ以降は『2021年度版プリント配線板技術ロードマップ』[文献6]の予測値を用いた。
- 導体幅と間隙が異なる場合は平均値を用いた。例えばL/S=35/25ならば30とした。
- 難易度クラスでClass Bの値を用いた。
- ビルドアップ構造サブストレートに関しては2019年度版ロードマップからクラス分けが変更されたため、それ以降はClass Basicの値をプロットした。

図1.7　回路微細化の進行

グ法で作れる限界が微細な方向に拡大しているからである。導体幅／間隙（L/S）が30/30程度（単位：μm）程度が、現状のリジッド配線板におけるエッチング法の量産限界のようであるが、今後も改良が進んでゆくと思われる。

　また、TAB、COFのようなテープキャリアパッケージに関していえば、L/S＝10/10前後の微細配線も特殊なエッチング液で可能となっている。詳細は5.2.5項『超ファインピッチ用エッチング液』を参照のこと。

用語解説　▶ 回路微細化の指標

回路微細化の指標としては次のようなものがある。

- 導体幅（線幅）：微細化により導体幅が細くなる。表面導体はライン（Line＝線）と呼ばれているので、線幅（Line width）が重要な指標になる。微細な導

体からなる回路をファインライン（fine line）回路と呼ぶこともある。

- 導体間隙（線間隙）：幅だけではなく、導体と導体の間の空きスペース（間隙 Spacing）も微細化の指標である。
- 導体ピッチ、パッドピッチなど：導体の中心から隣接する導体の中心までの距離を導体ピッチと呼ぶ。導体ではなくパッド間の場合はパッドピッチと呼ぶ。BGAなどのパッケージのはんだボール間をいう場合はボールピッチである。微細なピッチのことをファインピッチ（fine pitch 狭ピッチ）と呼ぶ。ピッチも微細化の重要な指標である。
- L/S：上記の線幅と線間隙をあわせてL/S（Line width/spacing）と呼び、微細化回路の指標となる。L/S = 35/35（単位μm）のように用いる。

用語解説 ▶ テープキャリアパッケージ ────────

　テープキャリアパッケージ（Tape carrier package）は、フレキシブルプリント配線板の技術を用いた半導体パッケージである。幅の狭いベースフィルム（テープ）を用いて、微細配線でインナーリード（半導体チップと接合する側のリード線）とアウターリード（プリント配線板側と接合するリード線）を有する回路を形成した片面基板に、半導体・集積回路を一括接合するパッケージ。接合部分のリード線の直下のベースフィルムが開口していてリード線が中に浮いている構造（フライングリード構造）のものをTAB（tape automated bonding）、このような開口部がないものをCOF（chip on film）と呼ぶ。

　COFの主な用途として、テレビなどのフラットパネルディスプレイ（液晶ディスプレイなど）のドライバーICの実装に大量に使われている。

1.1.6　エッチングと前後の工程

　回路形成用のエッチング前後のプリント配線板製造工程（エッチング法）を見ると図1.8のようになる。パネルめっき法の場合には現像・エッチング・剥離の工程を一体化し、一連のラインにする場合が多い。これを該当する英語（Develop-Etch-Strip）の頭文字をとって"DESライン"と称する。

露光工程より

現　像

水　洗

エッチング

水　洗

レジスト剥離

DES工程
(Develop-Etch-Strip)

水　洗

中和・防錆

水　洗

乾　燥

図1.8　エッチング法の回路形成工程

　このように、エッチング工程はエッチングレジストの形成工程および剥離工程と密接に関係しているので、前後の工程を通した統一的な検討が必要である。

　現在用いられているフォトレジストは弱アルカリで現像し、強アルカリで剥離するタイプのものが大部分であり、水溶性フォトレジスト（aqueous photoresist）と呼ばれている（以前用いられていた溶剤型フォトレジストに対比した用語）。

　現像液は弱アルカリとして炭酸塩（炭酸ナトリウムあるいは炭酸カリウムあるいはその混合物）の水溶液を用いる。

　剥離液は水酸化アルカリ（水酸化ナトリウムあるいは水酸化カリウム）溶液あるいはアミン系、界面活性剤系などの剥離液が用いられる。

1.1.7　はんだめっきスルーホールプリント配線板

　一般的なプリント配線板は、回路導体は銅で形成され、最外層の銅回路はソ

ルダーレジストで覆われていて、部品との接合点ではソルダーレジストに開口部が設けられている。この構造のプリント配線板は“銅めっきスルーホールプリント配線板”と呼ばれる。慣用的には“銅スルーホール”あるいは“銅スル”などと略されることもある。

　しかし歴史的に見ると、銅で形成した外層回路の表面すべてをはんだ（錫鉛合金）で覆った“はんだめっきスルーホールプリント配線板”（“はんだスルーホール”とも略す）と呼ばれる構造も広く用いられていた時代があった。

　製法としては、

　　1．はんだ（錫鉛合金）をパターンめっき（電気めっき）する。

　　2．はんだパターンをエッチングレジストとして用いて回路形成を行う（メタルレジスト法）。

　　3．その後にはんだを加熱溶融して回路導体の側面もはんだで覆う（「ヒュージング」と称する）。

となり、銅配線の導体をはんだで完全に被覆した回路を実現するものであった。

　“はんだスルーホール”基板は、はんだ付け部分もはんだで覆われているから、はんだ付け性は良好であり、特に追加の仕上げ処理は必要としないという利点があった。ただし、“はんだスルーホール”基板は、はんだの上にソルダーレジストが形成してあるため、はんだ付け時に次のような不具合が発生する可能性がある。

　・ソルダーレジストの下のはんだが溶解し、ソルダーレジストの剥がれが発生する。

　・ソルダーレジストの下の溶けたはんだがソルダーレジストのピンホールから吹き出して、多数の微小な粒（はんだボール）を散乱させ、短絡不良（ショート）の原因となる。

　・導体間隙が小さな場合には、ソルダーレジストの下の導体間ではんだブリッジを形成し、短絡不良となる。

　このため、回路の微細化の流れに対応できず、“銅スルーホール”基板に主役の座を奪われていった。また、環境問題から鉛の使用を制限する流れが強まり、はんだ（錫鉛合金）を使用する工程を避ける傾向も強くなり、はんだス

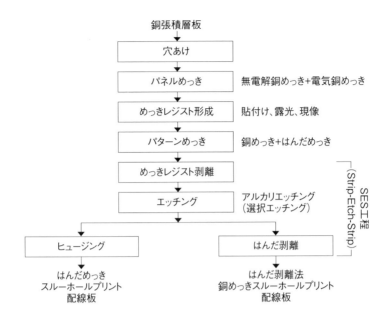

銅張積層板

穴あけ

パネルめっき　　　無電解銅めっき+電気銅めっき

めっきレジスト形成　　貼付け、露光、現像

パターンめっき　　　銅めっき+はんだめっき

めっきレジスト剥離

エッチング　　　アルカリエッチング
（選択エッチング）

SES工程
（Strip-Etch-Strip）

ヒュージング　　　　　　　　　　はんだ剥離

はんだめっき
スルーホールプリント
配線板

はんだ剥離法
銅めっきスルーホールプリント
配線板

図1.9　はんだスルーホール基板の製造工程（はんだ剥離法銅スルーホール基板も含む）

ルーホール基板は積極的には採用されなくなった。

　英語圏では、銅スルーホール基板をSMOBCと呼ぶ。これは、Solder Mask Over Bare Copperの略であり、銅回路の上に直接ソルダーレジストが乗っているから、はんだ再溶融による不具合がないということを強調した表現である。

　一部の特殊な用途では、規格によって銅の露出が禁止され金属による保護皮膜が必須であるため、このような分野に限り、はんだめっきスルーホールプリント配線板が用いられている。

　はんだめっきスルーホール配線板の製造工程をほぼそのまま用いて、銅スルーホールプリント配線板を製造する方法もある。はんだを剥離する工程を最後に追加する方法であり、「はんだ剥離法」と呼ばれる。

　はんだめっきスルーホール配線板とはんだ剥離法銅めっきスルーホール配線板の製造工程を図1.9に示す。

　はんだ剥離法と同じ工程で、はんだ（錫合金）ではなく錫をメタルレジスト

として用いた錫剥離法も用いられている。

　はんだ剥離法（あるいは錫剥離法）では、めっき後の工程が、めっきレジスト（ドライフィルム）剥離→エッチング→エッチングレジスト（はんだまたは錫）剥離と進むため、剥離（Strip）→エッチング（Etching）→剥離（Strip）の頭文字を取ってSESラインと呼ばれる。エッチング法におけるDESライン（1.1.6項参照）に対応する言葉である。

1.2　回路パターン形成のためのエッチング技術

　プリント配線板の製造工程のなかでエッチング技術を用いる主な分野といえば、第一に回路形成用エッチングがあげられる。非回路部分の余分な銅を除去して導体回路を形成するためのエッチングである。エッチング法（サブトラクティブ法）による回路形成のキーとなる工程である。

　主なエッチング液としては、塩化第二銅を主成分とした塩化銅エッチング液、塩化第二鉄を主成分とした塩化鉄エッチング液、塩化アンモニウムとアンモニアを主成分としたアルカリエッチング液がある。

1.2.1　メタルレジスト法回路形成におけるエッチング技術

　歴史的に見ると、プリント配線板の最初の形態である片面プリント配線板では、

- スクリーン印刷
- 液状フォトレジストの塗布、露光、現像

のどちらかの手段でエッチングレジストを形成することが一般的であった。これは現在でも続いている。

　ただし、両面や多層のめっきスルーホールを有するプリント配線板になると、この方法が通用しなかった。穴あけと銅めっき（スルーホールめっき）をしたパネルに、エッチングレジストを印刷あるいは塗布しようとしても、穴内部にレジストを印刷（あるいは塗布・露光）することが物理的にできなかった

からである。

そこで考案されたのがメタルレジスト法である。

1. エッチングレジストとは逆のパターン（反転パターン）でめっきレジストを印刷あるいは塗布する（逆パターンだから穴の上にはレジストは必要ない）。

2. めっきレジストに覆われていない箇所に、エッチングレジストとなる金属（レジスト金属）をめっきする。スルーホールめっきした上にめっきすることになる。

3. めっきレジストを剥離する。エッチングレジスト（めっきした金属）だけが残る。

4. エッチングする（レジスト金属は溶かさないが、銅は溶かす、という選択性エッチング液を使う）。

という方法である。

レジスト金属としては、当初は金めっきも用いられていた[*4]が、やがて安価なはんだ（錫鉛合金）めっきあるいは錫めっきが主流となった。それぞれ金めっき（はんだめっき）スルーホールプリント配線板と呼ばれた。

はんだ（錫鉛合金）めっきの鉛の有害性が問題になり始めて、錫めっきが用いられる場合が増えた。その他の金属として、まれにニッケル、あるいはニッケル合金が用いられる場合もある。

レジスト金属がはんだあるいは錫の場合、選択性のあるエッチング液としてはアルカリエッチング液が用いられる（なお、レジスト金属が金の場合は、金は耐食性が高いため、アルカリエッチング液以外にも塩化鉄、塩化銅などのエッチング液も用いることができた）。

メタルレジスト法では、レジスト金属のめっきはパターンめっき（導体パターン部分だけにめっき）するのは当然であるが、その下の銅めっきをパターンめっきで行うのか、パネルめっき（全面めっき）で行うのかによって、工程

[*4] 1970年ころのHewlett-Packard社の電子卓上計算機（電卓）は、信頼性の高い金めっきスルーホール基板を用いていることを売り物にしていた。電卓が高価な最新電子機器だった時代の話である。

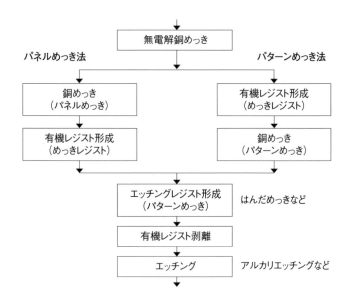

図1.10　メタルレジスト法の工程　パネルめっき法とパターンめっき法

が異なる。この2つの工程を図1.10に示す。

　1970年ころにドライフィルムによる回路形成法（次項参照）が発表され、急速にメタルレジスト法を置き換えていった。そのため図1.10のメタルレジスト・パネルめっき法（図の左側のプロセス）は全く使われなくなった。メタルレジスト・パターンめっき法（図の右側）は、はんだめっきスルーホール基板（またははんだ剥離法の銅めっきスルーホール基板）の製法として生き残り、主流ではないが現在でも多く使われている。

1.2.2　ドライフィルムテンティング法回路形成におけるエッチング技術

　液状レジストでは、スルーホールの中に塗布・現像ができないため、メタルレジスト法を用いていたが、ドライフィルムフォトレジストの発明（特許はDu Pont社のCeleste, 1969［文献7］）がこれを変えた。スルーホール上をカバーするようなエッチングレジストの膜を形成して、スルーホールをエッチン

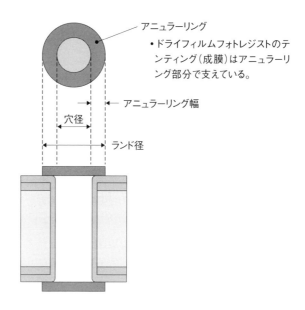

図1.11　テンティング法によるビア上へのエッチングレジスト形成

グから守ることが可能になったのである（図1.11）。この穴の上にレジストで
覆うことを「テンティング」（tenting 成膜）と称し、これを用いた回路形成法
を「ドライフィルムテンティング法」（または単に「テンティング法」）という。

　スルーホールを有するプリント配線板のエッチング法（サブトラクティブ
法）の主流は、現在ではメタルレジスト法ではなく、ドライフィルムテンティ
ング法である。

　用いるエッチング液は、塩化銅エッチング液、あるいは塩化鉄エッチング液
である。

　ドライフィルムフォトレジストの主流は水溶性（アルカリ現像、アルカリ剥
離型）であるから、耐アルカリ性はそれほど高くない。したがって、製品に
よっては、アルカリエッチング液には使用できないレジストもある。

1.2.3　スルーホールがない場合のエッチング技術

プリント配線板の製造工程では、スルーホールのない状態でのエッチングを行う場合もある。

- 片面プリント配線板（リジッド基板、フレキシブル基板の両方）のエッチング
- 内層工程での内層材（穴なしの両面配線板）のエッチング工程
- テープキャリアパッケージ基板（TAB、COF）のエッチング

などである、また厳密にはプリント配線板ではないが、

- リードフレームのエッチング（第7章を参照）

も含まれる。

このような用途では、ドライフィルムフォトレジストの、穴があってもエッチングレジストとして機能するという大きな利点（テンティングの利点）が必要事項ではなくなり、別の種類のレジストの使用も可能となる。

片面プリント配線板（リジッド配線板）では、スクリーン印刷によってエッチングレジストを形成する場合が大半を占める。

フレキシブルプリント配線板（片面）やテープキャリアパッケージなどでは、特に微細な回路の場合に液状レジストを用いる場合がある。

テープキャリアパッケージ基板（TAB、COF）は微細配線の要求される分野であるから、エッチング法で作られる場合でも、他のプリント配線板よりは圧倒的に細かい回路が形成されている（5.2.5項『超ファインピッチ用エッチング液』も参照）。

ICの小型化、多機能化によって、ICの端子ピッチはますます狭くなり、受け皿である基板の配線もこれに合致する必要から、ファインピッチ化が一段と進んでいる。その典型例がTABやCOFにみられるドライバーIC向けのテープキャリアである。図1.12および図1.13にTAB、COFの一例を示す。

量産ベースで2000年には50μmピッチであったものが2009年では25μmピッチに、というように2000年代に微細化が急速に進んだ。

エッチング法（サブトラクティブ法）のエッチング技術でこれを達成するためには、従来のエッチング液の概念では困難で、エッチング液の改良とエッチ

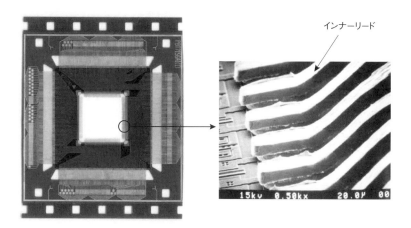

図1.12　TABのインナーリードのピッチ（30μm）

25μmピッチの接続端子

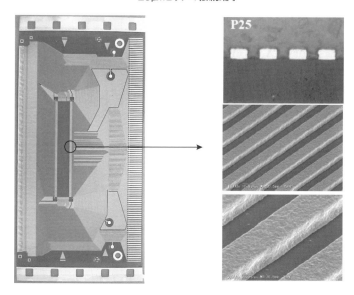

図1.13　COFのリード

ングマシンおよびエッチング方法の改善が必要となった。

　材料もポリイミド層と銅層からなる2層FCCLが普及し、ファインピッチに対応した材料が供給されている。シード層に銅以外の金属（ニッケルやクロム）が使用されたフィルム（メタライズ法による2層FCCL）の場合には、選択エッチング技術が必要となっている（詳細は1.4.3項参照）。

1.2.4　シード層のエッチング技術

　パターンめっき法（セミアディティブ工法、MSAP工法）では、パターンめっき、めっきレジスト剥離の後にシード層のエッチングが必要になる。

　はんだめっきスルーホール基板やはんだ剥離法による銅スルーホールめっき

状　態	配線幅（μm）		配線高さ（μm）		矩形率（%）	断面写真
	配線	減少量	配線	減少量		
エッチング前	15.9	−	15.4	−	93.2	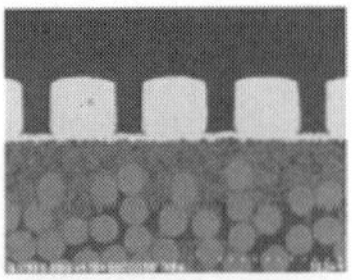
既存の液で3μmエッチング（ジャストエッチ）	10.8	5.1	12.1	3.3	90.3	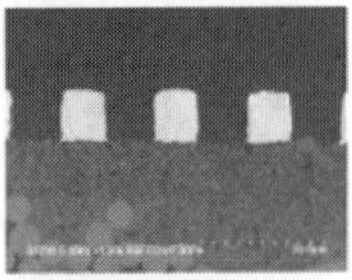
新開発の液で3μmエッチング	11.9	4.0	12.9	2.5	92.3	
新開発の液で4.5μm（1.5倍）エッチング	10.0	5.9	12.2	3.2	93.5	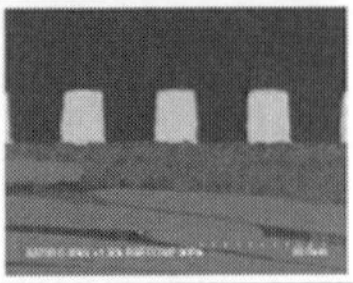

注：既存液：CPE-800、新開発液：CPEM-210　　　　　　　　　　資料提供：三菱ガス化学

図1.14　シード層エッチングの例

配線板で用いられるメタルレジスト法とは異なり、シード層エッチングは回路部の銅の厚さ（シード層＋電気銅めっき層）と非回路部（シード層のみ）の銅の厚さの違いを利用したエッチング（ディフェレンシャルエッチング）である。ごく薄い銅層を短時間でエッチングすることから、フラッシュエッチあるいはクイックエッチとも呼ばれる。

　例えば、2μmのシード層の上に幅40μm厚さ20μmの導体をパターン銅めっきで形成した後、2μmのシード層エッチングをすると、非回路部のシード層は除去され、導体の幅は4μm（2μm×両側）、厚さは2μm減少し、幅36μm厚さ18μmの導体が完成する（この例はあくまでも、エッチングがすべての場所で縦方向も横方向も均一に進むと仮定した理論計算であり、実際にはばらつきや許容差を考慮した設定が必要になる）。

　シード層エッチングでは、非回路部のシード層は完全にエッチングしても、回路部のシード層（導体の下にあるシード層）を深くエッチングすること（アンダーカットすること）は避けなければならない。また、銅回路のコーナーの部分が過度にエッチングされることも避けなければならない。

　図1.14にシード層エッチングの例を示す。

1.2.5　薄銅化のためのエッチダウン

　エッチングされる銅の厚みが薄いほど、サイドエッチが少なくて微細回路の配線が可能である（詳しくは2.7節の『サイドエッチとの闘いの歴史』で説明する）。このために、微細回路の場合には、エッチング前に銅層の厚みを均一に薄くする処理（薄銅化処理、エッチダウン）[5]を行うことが多い。一般に使用されている塩化銅や塩化鉄のエッチング液では、厚みの制御やエッチング後の銅表面の粗度、酸化性などに問題があるため、硫酸-過酸化水素系のエッチング液が使用される。

　代表例として、三菱ガス化学㈱のSUEP法があり、専用の硫酸-過酸化水素

---

[5]　エッチダウンをハーフエッチングと呼ぶこともある。ただし、ハーフエッチングは回路パターンのエッチングを半分の深さにとどめておく（貫通させない）という意味でも使われているから、混同を避けるため、薄銅化エッチングの意味では用いないほうが良い。

系エッチング液と液管理システムとの組み合わせで精度の高いエッチングを実現している。梶原ら［文献8］によると、銅箔全面に0.1μm/秒前後の低速で均一なエッチングが可能になるという。図1.15に18μm銅箔を5μmにエッチダ

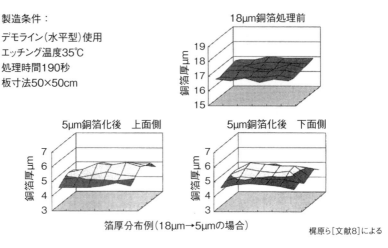

製造条件：
デモライン（水平型）使用
エッチング温度35℃
処理時間190秒
板寸法50×50cm

18μm銅箔処理前

5μm銅箔化後　上面側

5μm銅箔化後　下面側

箔厚分布例（18μm→5μmの場合）

梶原ら［文献8］による

図1.15　銅箔エッチダウンの事例（銅厚分布）

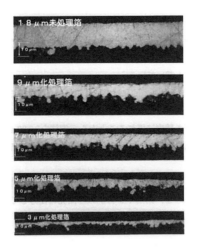

梶原ら［文献8］による

図1.16　銅箔エッチダウンの事例（断面写真）18μm銅箔よりの薄銅化

ウンした時の銅厚分布を、図1.16にエッチダウンの進行状態（断面写真）を示す。

1.3 マイクロエッチ

銅表面を微量にエッチングして、表面洗浄、表面粗化などを行うプロセスは、微量のエッチングであるから、マイクロエッチあるいはマイクロエッチングと呼ばれる（一部でソフトエッチという言葉も使われる）。

これに対して回路形成のエッチングのことは、ファイナルエッチ（最終的な回路を形成するから）、あるいはハードエッチ（ソフトエッチに対して）と呼ぶ場合がある。

マイクロエッチは回路形成のためのエッチングとは異なり、次のような分野で用いられている。

1.3.1 接着性向上のためのマイクロエッチ（表面粗化）

樹脂と銅箔（または銅めっき層）との密着性を向上させるため、銅表面を粗化して、アンカー効果を付与することによって、密着力を向上させる技術が発展してきた。一般の多層配線板やビルドアップ多層配線板の層間接着や、ドライフィルムやソルダーレジストの密着性を向上するため、各種のエッチング液が開発されている（銅箔がこれらのマイクロエッチ液で粗化される機構については各論の章で解説する）。

なお、この「銅表面の粗化（粗面化）」の目的のためには、研磨材を用いた機械研磨も用いられている。そのため、マイクロエッチによる粗面化を機械研磨に対して「化学研磨」と呼ぶこともある。

この項では、有機酸系のマイクロエッチ剤としてメック㈱のエッチボンド™を例に挙げる。

エッチングによって形成された銅表面写真を図1.17に、エッチング量と層間接続における密着強度の関係を図1.18に示す。

電気銅めっき層の粗化処理

2μmエッチング

1μmエッチング

資料提供：メック（株）

図1.17　接着性向上のための銅表面粗化

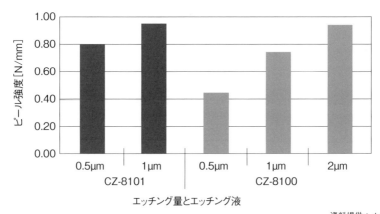

資料提供：メック（株）

図1.18　接着性向上のための銅表面粗化と密着強度

1.3.2　黒化処理代替としてのマイクロエッチ

　従来、多層配線板の積層において、内層の銅回路表面と樹脂（プリプレグ）との密着を向上させるために次のような処理のいずれかを行っていた。

　1．黒化処理（黒色酸化物処理）：内層の銅回路表面に、樹枝状で表面積の大きい銅酸化物（黒色酸化物 = black oxide）を形成し、樹脂との

密着性を向上させる処理。ブラックオキサイド処理、あるいはBOX
処理ともいわれる。

2．黒化還元処理：黒化処理で一度生成させた酸化銅をさらにもう一度還
元して銅に戻し、樹枝状の構造だけを残す処理。ピンクリングの発生
を防止する。

資料提供：メック㈱

図1.19　エッチング法による黒化代替処理を施した銅表面

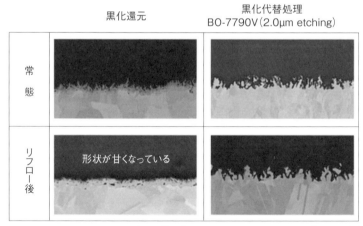

リフロー後:85℃、85%RH、96hr→Pbフリーリフロー(Max.260℃)2pass
資料提供：メック㈱

図1.20　エッチング法による黒化代替処理と黒化還元処理の断面比較

これらに代わって、マイクロエッチ処理だけで同じ効果をもたせる黒化代替処理が普及している。これは硫酸-過酸化水素系のマイクロエッチ剤で表面を粗化して、さらに樹脂との密着性を向上されるための皮膜を形成する。

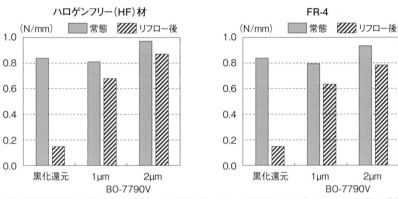

黒化代替処理液BO-7790V（メック㈱）を用いて、銅表面を1μmと2μmの深さにエッチングした時のピール強度を、黒化還元処理と比較したグラフ

資料提供：メック㈱

図1.21　エッチング法による黒化代替処理の効果

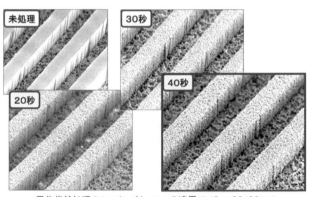

黒化代替処理のファインパターンへの適用 (L/S = 20/20μm)
Multibondプロセス

資料提供：マクダーミッド・パフォーマンス・ソリューションズ・ジャパン㈱

図1.22　エッチング法による黒化代替処理を施した銅配線

　黒化処理よりも処理工程が簡単なことや密着性が優れることとともに、ピンクリングの発生がないことが特徴である［文献9］。

　黒化代替処理の一例を図1.19（表面形状）と図1.20（断面写真）に、密着強度との関係を図1.21に示す。

　実際の内層回路導体へ適用した時の写真を図1.22に示す。

用語解説 ▶ ピンクリング ────────────────

　黒化処理した内層材を積層し、穴あけを経て銅めっきの前処理に進んだとき、スルーホールの壁面に露出した内層銅回路の黒化処理面（酸化銅層）が処理液によって侵され、穴の周りの黒化処理が化学溶解され銅色に変わる現象をピンクリング（pink ring）またはハローイング（haloing）という。ピンクリングは黒化処理された黒い面を背景に、そこだけ銅色を呈するところから名付けられた言葉。ハローイングは穴の周りにハロー（halo：光輪、後光、暈）のように広がって見えることからこう呼ばれる。

　用語「ハローイング」は、化学的な溶解による現象以外に、機械的な衝撃で積層板に層間剥離が発生し、穴の周りが白く見える現象にも用いられる。

Ⓒolumn　粗化なしの密着性向上技術

　厳密に言えばマイクロエッチの範疇には入らないが、粗化を行わないで密着性を向上させる技術も存在する。導体の表面粗さが信号伝送性能に影響するような高周波用途である。

　導体の中を電流が流れる時、直流電流では導体の断面のすべての位置を通って電流が流れる。一方、交流電流では導体の表面に近い所で電流が多く流れる（電流密度が高くなる）。周波数が高くなるほど、電流が表面に集中する。このような現象を表皮効果（skin effect）という。

　高周波電流では、大部分の電流は表面に近い所（表皮）しか流れないことになる。この表皮の深さは、電流密度が$1/e$（およそ0.368）まで低下す

る深さと定義され、現実的な周波数範囲では、

$$\delta = \sqrt{\frac{2\rho}{\omega\mu}}$$

で表される。δは表皮深さ、ρは導体の抵抗率、ωは電流の角周波数（$=2\pi f$、fは周波数）、μは導体の透磁率である。

　導体が銅の場合、この式で表皮深さを計算すると

周波数	表皮深さ（μm）
10 MHz	20.6
100 MHz	6.52
1 GHz	2.06
10 GHz	0.65

となる。すなわり、1GHzを超えるような高周波領域に入ると、粗化処理した銅導体の表面あるいは電解銅箔の処理面（マット面）の表面粗さ（多くは数μm程度）が信号の表皮深さと同等のレベルになってくる。大部分の電流が、表面の凹凸に沿って折れ曲がりながら流れるようになり、伝送損失が拡大する。

　図1.23 に表面粗さの違う銅箔3種の、高周波伝送損失の差を測定した

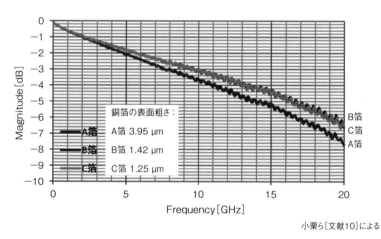

小栗ら［文献10］による

図1.23　表面粗さと高周波特性

結果（小栗ら［文献10］による）を示す。

　2020年ころから展開が始まった5G通信システムに代表されるように、高速・高周波用途のデバイスの需要が高まっている。そのような用途のために、プリント配線板には誘電特性の良い基板材料と表面粗さの少ない導

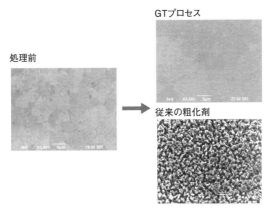

メック㈱ FlatBond GTプロセスの例

資料提供：メック㈱

図1.24　無粗化（平滑表面）の密着性向上プロセスの例

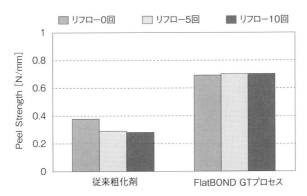

• 従来粗化剤およびFlatBOND GTプロセスで処理した銅箔シャイニー面に積層した低誘電率樹脂（PPE type ε=3.7, tanδ=0.002 at 1GHz）のピール強度
• リフローの最高到達温度は260℃

資料提供：メック㈱

図1.25　無粗化密着向上プロセスの密着強度

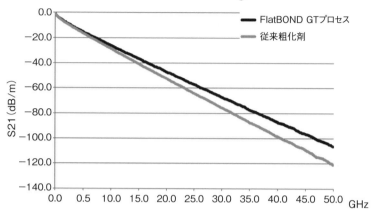

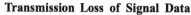

Transmission Loss of Signal Data

- 従来粗化剤およびFlatBOND GTプロセスで積層前処理を行い作成した評価基板(ストリップライン) の伝送損失評価結果。
- 評価基板には低誘電率樹脂(PPE type ε=3.7, tanδ=0.002 at 1GHz)とH-VLP箔(35μm厚)を 使用。

資料提供：メック㈱

図1.26　無粗化密着向上剤による伝送損失の低減効果

体が求められている。

　これに応えて、導体と樹脂との密着性を保つために従来のように表面を粗化するのではなく、樹脂との密着性を向上させる皮膜を導体表面に形成する処理が開発されている。そのような処理の一例として、メック㈱のFlatBOND GTプロセスを紹介する。図1.24に無粗化（平滑表面）密着性向上プロセスを用いた場合の表面状態を、図1.25にこのプロセスで処理した銅箔と樹脂との密着強度（ピール強度）を示す。

　図1.26に示すように、このような無粗化処理を用いた場合、伝送損失の低減効果が得られ、高速・高周波用途に適していることがわかる。

1.3.3　穴あけ用レーザー光の吸収効率向上のための表面粗化とクリーニング

　ビルドアップ多層配線板のマイクロビアの作成のため、プリント配線板製造工程においてレーザー光で穴をあける技術が普及してきた。従来コンフォーマ

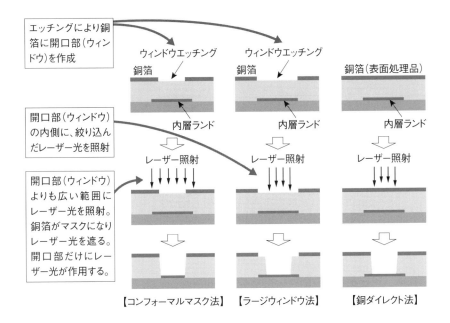

図1.27　レーザー穴あけによる有底ビアの作成法

ルマスク法あるいはラージウィンドウ法と称して、銅箔をあらかじめ必要な穴の形状あるいはそれよりもやや大きめにエッチング除去した後、露出した樹脂部にレーザーを照射して穴をあける方法が一般的であったが、穴の小径化と精度の向上のため、さらには製造工程の省略化のため、銅層ごと一挙に穴をあける技術（ダイレクトレーザー法）が開発された（図1.27参照）。

　レーザー穴あけに用いられているCO_2レーザー（炭酸ガスレーザー）は波長が10μm前後の赤外線である。この波長の光は樹脂やガラスに吸収され、その吸収エネルギーのために局所的破壊が起こり、穴が形成される。

　このように絶縁層の穴あけには使用できるが、銅箔光沢面はこの波長域の光には95％以上の反射率を持つため、そのままでは銅箔には穴あけできない。この高い反射率のおかげで、内層のランドまで穴あけが進んだ時点で穴あけはそこで止まる。また、銅箔をマスクとして銅箔のない場所（開口部）にだけ穴

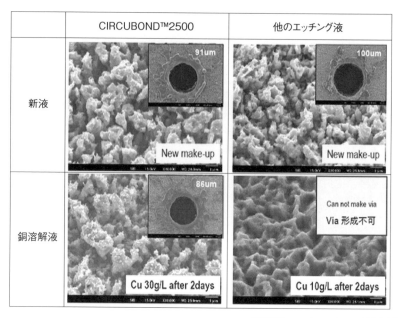

	CIRCUBOND™2500	他のエッチング液
新液	91um New make-up	100um New make-up
銅溶解液	86um Cu 30g/L after 2days	Can not make via Via 形成不可 Cu 10g/L after 2days

資料提供：ローム・アンド・ハース電子材料㈱

図1.28　ダイレクトレーザー穴あけ用表面処理の例

あけを行うコンフォーマルマスク法が可能なのもこの性質のおかげである。

　銅箔にレーザー光穴あけをするためには、銅箔表面を処理して、レーザー光の吸収率を上げる必要がある。表面処理としては、内層銅箔の密着向上処理と同じ黒化処理が用いられる。また、この用途においても、黒化処理代替処理と同様にエッチング法も用いられている。その例を図1.28に示す。

　少ないエネルギーで銅箔ごと穴をあけるには、CO_2レーザーの吸収率を上げる必要がある。

　吸収効率を上げるためには真っ黒である必要はなく、赤外線を効率よく吸収する最適の色合いが必要である。銅箔表面で光が吸収される原理は粗化された銅箔表面の凹凸の谷間で光が何度も反射され順次吸収されるためであり、凹凸の深さと幅に関係し、粗化の程度によって異なるからである。光の吸収は波長と凹凸の形状に大きく左右される。

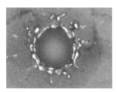
穴あけ時の銅の飛び散り

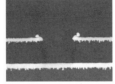
穴あけ時の断面

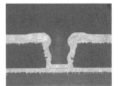
無処理でめっきした断面

エッチング処理後の表面

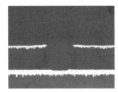
エッチング処理後の断面

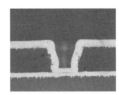
エッチング処理後めっきした断面

資料提供：メック（株）

図1.29　ダイレクトレーザー穴あけと飛び散り銅のクリーニング

　例えば、黒化処理に代わるエッチング液メックＶボンドダイレクト™で処理された銅箔は色目が茶色であるが、黒化処理に対して約40％、メックエッチボンドCZ-8100™（一般普及の粗化剤）の30％程度、加工エネルギーが少なくてすむ。

　またレーザー加工後、穴の周りに銅の飛び散りやバリが発生する。この飛び散った銅残渣やバリが発生したまま、次の工程に進んだ場合、銅の異常析出や穴のめっきに突起物ができて、穴の中まで上手くめっきが付かないなどの欠陥を生じる。普通は表面をブラシ研磨することによって平滑化しているが、エッチング技術を適用すればこの表面を平滑化し、はみ出したバリを簡単に除去することができる［文献11］。その一例を図1.29に示す。

1.3.4　無電解銅めっき前処理としてのマイクロエッチ

　無電解銅めっきの前処理として、銅のマイクロエッチが用いられている。過硫酸塩系、および硫酸-過酸化水素系のエッチング液が一般的である。

　無電解銅めっきの場合、めっき反応を開始させるために、表面を触媒化しておく必要がある。通常パラジウム（Pd）触媒を樹脂・ガラスクロスなどの絶

縁材の上に吸着させる処理を行う[*6]。

　反応に必要な触媒量を確保するために、触媒吸着処理のさらに前に、絶縁材の上に界面活性剤などを吸着させ、表面電荷を調整してからPd触媒を吸着させる。この表面電荷調整剤をコンディショナーと呼ぶ。

　しかし、コンディショナー皮膜が銅箔の上にも残っていると、以降の銅めっき層と銅箔層の間に有機皮膜が存在することになり、銅めっき層が剥がれてしまう（層間剥離）。そこで、銅箔の上に吸着したコンディショナーを除去するために、マイクロエッチによって銅箔表面を薄く除去し、表面に吸着したコンディショナーも根こそぎ除去し、清浄な銅表面を露出し、これ以降形成されるめっき層との間の密着性を確保する。

　このようなメカニズムであるから、このマイクロエッチ液には、除去したコンディショナー成分が蓄積してくる。蓄積量が多くなると、せっかく清浄な表面を露出させても、そこにコンディショナーが再付着してしまい、層間剥離不良の原因になるから、早めの液更新が必要である。

　なお、このマイクロエッチ工程では、前工程である穴あけ工程（機械式ドリル穴あけ）で発生した軽微なバリを除去する役割もある。

1.3.5　パターン銅めっき前のマイクロエッチ

　パターン銅めっき前にクリーナー処理とマイクロエッチ処理を行う場合が多い。これは銅表面のレジスト残り（ドライフィルムレジストの残渣）を除去するための工程であり、いわば現像工程の最終段階（残渣除去処理）である。

　ただし、銅のシード層の厚さが過小でマイクロエッチ量が過大な場合には、マイクロエッチによりシード層の一部が失われ、めっきが付かない箇所（めっきボイド）が発生するから注意が必要である。

1.3.6　銅の表面洗浄用のマイクロエッチ

　回路形成工程あるいは最終仕上げ工程などさまざまな工程で、銅表面を洗浄

[*6]　『本当に実務に役立つプリント配線板のめっき技術』4.1.2 無電解めっき（p. 77-85）参照。

するためにマイクロエッチが用いられる。銅箔表面を薄く除去し、表面の酸化層や表面に吸着した異物を根こそぎ除去し、清浄な銅表面を露出させる工程である。

　表面の汚染物の無いところからエッチング液が汚染物の下側に入り込み、下の銅を溶解して、付着した汚染物を下地ごと除去してしまう「根こそぎ除去」（undermining）のメカニズムである。

　この洗浄用のエッチング液は、せっかく露出した清浄な表面が酸化しないように、銅表面に酸化防止皮膜を形成する薬剤（防錆剤）が入っているものが多い。また、エッチング液内に蓄積した銅イオンが、エッチング処理直後の水洗槽の中で、水酸化銅として表面に沈殿するのを防止するために、エッチング液は酸性に保たれている。

1.4　選択エッチング

　プリント配線板の製造工程の中では銅以外の金属が共存して、その一部または全部をエッチング除去する選択エッチングが必要な場合が多い。

　例えばメタルレジストの剥離（錫、はんだ）、パターンめっき法でパターン形成を行った後のシード層（無電解めっきで形成した銅層やニッケル層、ス

表1.3　金属選択エッチング剤の例

薬品名	エッチングする金属	エッチングしない金属	用　途
SFシリーズ	銅	ニッケル、クロム、錫、銀	パターン形成 抵抗内蔵基板製造
CHシリーズ	ニッケル-クロム	銅	ニッケル-クロム層除去 抵抗内蔵基板製造
Sシリーズ	はんだ	銅	メタルレジスト剥離
NHシリーズ	ニッケル	銅	ニッケルシード セミアディティブ パターン形成

資料提供：メック(株)

パッタリングにより形成したニッケル-クロム合金層）、エッチストップとして使用されるメタル層（ニッケル）、無電解銅めっきの析出開始用触媒として用いられるパラジウムの除去などがある。これらのエッチング除去に際して最も重要なことは共存する金属を相互にダメージを与えないことである。特に配線パターンの銅を腐食せずに他の金属を除去する選択エッチングが採用される。今までに市販されている選択エッチング液の例を表1.3に示す。

1.4.1 メタルレジストの除去

はんだめっきスルーホール基板、あるいははんだ剥離法銅めっきスルーホール基板は、錫合金（はんだ）などの金属をエッチングレジストとして用いるため「メタルレジスト法」と呼ばれている。

メタルレジスト法では、はんだあるいは錫めっき皮膜をエッチングレジストとして用いるため、これらのメタルレジストを侵さずに銅だけをエッチングするために、エッチング液としてアルカリエッチング液が用いられる。

また銅パターンエッチング後のメタルレジストは、フュージング仕上げを行う場合を除けば、OSP[*7]やNi Au仕上げなどの最終仕上げのために剥離除去される必要があり、この場合は銅を侵さずにメタルレジストを除去する必要がある。このようなメタルレジスト剥離剤として、以前はホウフッ酸＋硝酸＋過酸化水素系の薬剤が用いられていたが、環境問題の観点からフッ化物を含まない硝酸を主体とした剥離剤に置き換わっている。

錫鉛はんだ以外でも、鉛フリーはんだに対する選択エッチングが要求され、これに対応した剥離剤も開発されている。

1.4.2 エッチストップ層などの除去

銅バンプを形成するための銅箔として銅−ニッケル−銅の3層構造をした銅箔［文献12］が市販されている。これはニッケル（厚み0.8〜1.2µm）をエッ

[*7] OSP（organic solderability preservative）：有機はんだ付け性保護剤。化学処理により銅の表面に有機物の保護皮膜を形成し、はんだ付け性を保つための処理をいう。水溶性プリフラックスとも呼ばれる。プリント配線板の最終仕上げ処理として用いられる。

チストップ層とする銅箔で、厚銅層をエッチングしてバンプを形成できる（図1.30）。層間絶縁層を貫通してその上にくる内層回路と接続し、表面の薄銅層をエッチングして回路を形成するバンプ接続型多層板の製造に使用できる。銅バンプ作成時、銅のエッチングがニッケル層のところでストップする選択エッチング液が採用される。

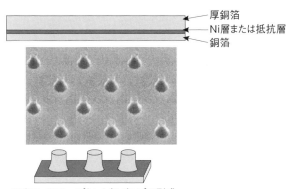

Niをエッチストップとした銅バンプの形成

図1.30　バンプ形成時のエッチストップ層

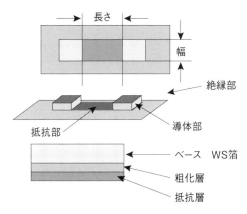

出典：文献13の図4「抵抗層付き銅箔FR-WS」より

図1.31　抵抗層付き銅箔

65

工程を簡略化するため、抵抗層を有する銅箔［文献13］がある。これは導体回路形成の次にエッチングで抵抗体を作成し、全体の厚みを低減する一種の部品内蔵プリント配線板の製造方法である（図1.31）。ここには銅はエッチングするがニッケルまたはその合金の抵抗層はエッチングしない、あるいは逆に抵抗層はエッチングするが銅回路には障害を与えないエッチング液が必要である。

1.4.3　メタライズ法2層FCCLのシード層除去

COFやTAB、FPCに使用される糊なし（接着剤なし）の銅積層フィルム（2層FCCL）には一般にポリイミドフィルムが基材として使用され、その上にスパッタリングでシード層を、電気めっきで銅層を直接形成する製法（メタライズ法）がある。シード層は薄いニッケルやニッケル-クロムの合金層で、耐熱ピール強度（接着力）の向上、エレクトロケミカルマイグレーションの防止などの観点から、銅とポリイミドの中間に数10Åから数100Åの厚さで薄く形成させる。

用語解説 ▶ **2層FCCL（2層フレキシブル銅張積層板）** ─────

　一般の銅張ポリイミドフィルムは、ポリイミドフィルムの上に、エポキシ樹脂などの接着剤を介して、銅箔を貼り付けた3層構造をしている。ベースフィルム、接着剤層、銅箔の3層である。これに対して、接着剤を使わない（あるいはベースフィルムと同じ材質の接着剤を用いる）ものを2層FCCL（flexible copper clad laminate）と呼ぶ。次の3つの製造方法がある。

　1）メタライズ法：銅めっきでポリイミドフィルム上に銅層を形成する方法
　2）キャスティング法：ポリアミック酸（ポリイミドの前駆体）を溶媒に溶かし、銅箔の上に流延（キャスト）し、加熱して重合させ、ポリイミド層を銅箔上に形成する方法
　3）ラミネート法：銅箔とポリイミドフィルムを、ポリイミド接着層を介して積層する方法

エッチング法で銅層の配線パターンを形成した後、あるいはパターンめっき

法で回路を形成した後には、これらのニッケルやニッケル–クロムのシード層を選択エッチングで除去しなければならない。

　配線の細線化が進んでくると、シード層除去時の銅導体の線幅の減少が大きな問題となる。銅はエッチングせずに目的とする金属だけをエッチング除去する選択エッチングが必要である。

　一般的には、それぞれの金属の溶解を抑制するインヒビターや溶解を促進する促進剤をエッチング液に配合して、それぞれの金属に適応した選択エッチング液が開発されている［文献14］。

　図1.32にエッチング法とパターンめっき法によるシード層除去の状況を、図1.33にパターンめっき法（セミアディティブ法）で回路を形成した場合のシード層除去の工程を示す。エッチング法ではエッチングで回路を形成すると同時にニッケル–クロムのシード層も一部除去されるので、シード層除去は比較的容易にできる。

エッチング法回路形成　　　　　パターンめっき法回路形成

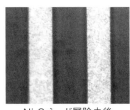
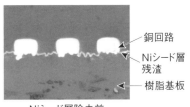

Ni-Crシード層除去前　　　　　Niシード層除去前

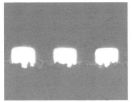

Ni-Crシード層除去後　　　　　Niシード層除去後

資料提供：メック（株）

図1.32　エッチング法およびパターンめっき法（セミアディティブ法）による回路形成後のシード層除去状況

1) 製造工程

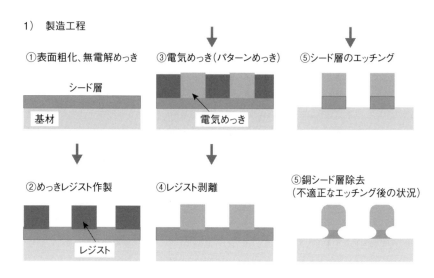

①表面粗化、無電解めっき　　③電気めっき(パターンめっき)　　⑤シード層のエッチング

シード層

基材

電気めっき

②めっきレジスト作製　　④レジスト剥離　　⑤銅シード層除去
(不適正なエッチング後の状況)

レジスト

図1.33　パターンめっき法（セミアディティブ法）による回路形成後のシード層除去

　一方、セミアディティブ法ではシード層が完全な状態で残存しているので、完全除去には時間がかかり、銅配線の細りやアンダーカットの危険性が増す。

1.4.4　パラジウム触媒残渣除去

　無電解銅めっきをシード層とするセミアディティブによる回路形成において、パターン形成後、スペース（導体間隙）に残存している無電解銅層をクイックエッチ（フラッシュエッチとも言われる）で除去しなければならない。この際銅と一緒に無電解めっき反応（析出反応）の触媒であるパラジウムも綺麗に除去されることが望ましいが、パラジウムの同時除去は極めて困難である。

　パラジウムが導体間の樹脂上に残存していると、後の工程である金めっき工程やニッケルめっき（無電解めっき）工程において、ニッケルや金の異常析出を起こすおそれもあり、またエレクトロケミカルマイグレーション（イオンマイグレーション）による短絡の原因ともなる。配線ピッチが細かくなってくるにつれ、大きな問題としてクローズアップされてきた。

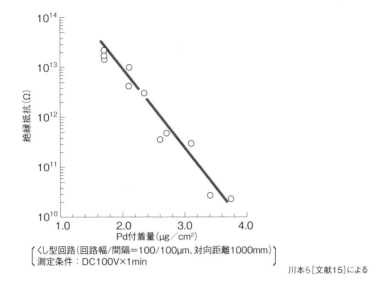

くし型回路（回路幅/間隔＝100/100μm、対向距離1000mm）
測定条件：DC100V×1min

川本ら［文献15］による

図1.34　パラジウム残渣量と表面絶縁抵抗の関係

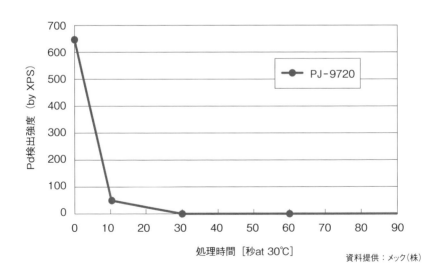

資料提供：メック㈱

図1.35　パラジウム残渣除去性

図1.34に、フルアディティブ法の場合の樹脂表面パラジウム付着量と絶縁抵抗の関係を示した［文献15］。

　パラジウム残渣によって表面絶縁抵抗が低下し、エレクトロケミカルマイグレーションのリスクが増大するなど、後工程でトラブルを引き起こす可能性がある。

　当初は、金やパラジウムなどの貴金属の除去にはシアン化合物の入った除去液が使用されてきたが、環境問題から全くシアンを含まない塩酸系の選択エッチング液が開発され使用されている。シアン系溶液と比較してパラジウム除去性は良好で、シアンの場合には完全に除去できないのに対し、ほぼ完全除去が可能である［文献14］。図1.35参照。

●————— 第1章　参考文献 —————●

1.　Henry M Bonner："The Radio Proximity Fuse", Electrical Engineering, Vol. 66, Issue 9, pp.888-893, September 1947, https://doi.org/10.1109/EE.1947.6443717

2.　Paul Eisler："Technology of Printed Circuits － The Foil Technique in Electronic Production", Academic Press, 1959

3.　雀部俊樹："プリント配線板の歴史", エレクトロニクス実装学会誌, vol. 16, no.6, p.428 － 432, 2013, https://doi.org/10.5104/jiep.16.428

4.　Paul Eisler："My Life with the Printed Circuit", Lehigh University Press, ISBN 0934223041, 1989

5.　JIS B9441（2020）："付加製造（AM）―用語および基本概念", 2020.03.23制定

6.　日本電子回路工業会（JPCA）："2021年度版プリント配線板技術ロードマップ"（電子書籍）, 日本電子回路工業会, 2021.05.26

7.　Jack Richard Celeste："Process for Making Photoresists", 米国特許3,469,982号, 1968.09.11出願, 1969.09.30公告

8.　梶原庄一郎, 森山賢一："極薄銅張積層板を実現するSUEPエッチングシ

ステム", エレクトロニクス実装技術, Vol.14, No.11, p.48-52,（1998年11月号）

9.　牧善朗, 中川登志子："黒化処理に代わる「MEC etch BOND」", 電子材料, Vol.34, No.10, pp.26-30（1995年10月）

10.　小栗慎ら："プリント基板上高速信号伝送における信号損失要因", エレクトロニクス実装学会第29回講演大会予稿集, p.187, 2015, https://doi.org/10.11486/ejisso.29.0_187

11.　中村幸子："CO_2ダイレクトレーザ前処理「メックＶボンドダイレクト」", 電子材料, Vol.46, No.10, p.83-87（2007年10月）

12.　松本達則："銅バンプ形成用3層箔", 電子材料, Vol.43, No.10, p.72-75（2004年10月号）

13.　古河サーキットフォイル（株）："これからのプリント配線板用電解銅箔", 古河電工時報, No.120, p.135-137（2007年9月）

14.　秋山大作："セミアディティブ工法用金属表面処理剤", 電子材料, Vol.45, No.10, p.112-114（2006年10月）

15.　川本峰雄, 赤星晴夫, 他："フルアディティブFineATプリント配線板", サーキットテクノロジー, Vol.6, No.2, p.78-82（1991）, https://doi.org/10.5104/jiep1986.6.78

第2章

エッチングの性能評価

2.1 用語の定義

　エッチングによる回路パターンの複製品質、あるいはパターンめっきによる回路パターンの複製品質を表現する用語として、アンダーカット、アウトグロース、オーバーハング、サイドエッチ、エッチファクターなどが使われている。これらの用語は、JIS規格『プリント回路用語』［文献1］では次のように定義されている。

- アンダーカット（Undercut）：エッチングによって導体パターン側面に生じる片側の溝又はへこみの大きさ（図2.1）。
- アウトグロース（Outgrowth）：製造用フィルム又はレジストによって

用語について

本書では次表のような慣用名を使用した。

慣用名		化学式	正式名	
塩化第一鉄	Ferrous chloride	$FeCl_2$	塩化鉄 (II)	Iron (II) chloride
塩化第二鉄	Ferric chloride	$FeCl_3$	塩化鉄 (III)	Iron (III) chloride
塩化第一銅	Cuprous chloride	$CuCl$	塩化銅 (I)	Copper (I) chloride
塩化第二銅	Cupric chloride	$CuCl_2$	塩化銅 (II)	Copper (II) chloride

　第一、第二の区別を特に必要としない場合には省略することがある。総称としての「塩化鉄エッチング」のような使用法である。

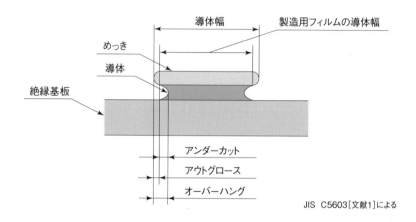

導体幅

製造用フィルムの導体幅

めっき

導体

絶縁基板

アンダーカット

アウトグロース

オーバーハング

JIS C5603[文献1]による

図2.1　アンダーカットとオーバーハング

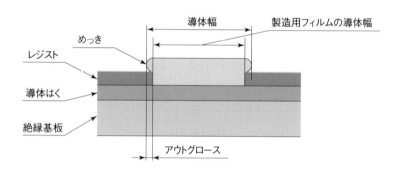

導体幅

製造用フィルムの導体幅

めっき

レジスト

導体はく

絶縁基板

アウトグロース

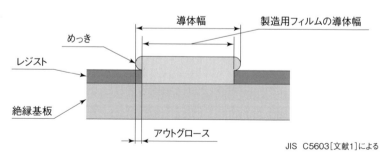

導体幅

製造用フィルムの導体幅

めっき

レジスト

絶縁基板

アウトグロース

JIS C5603[文献1]による

図2.2　アウトグロース

与えられる導体幅を超えてめっきの成長によって生じた導体幅の片側の
広がり分（**図2.2**）。

- オーバーハング（Overhang）：アウトグロースとアンダーカットとの和。
- エッチファクター（Etch Factor）：導体厚さ方向のエッチング深さと、
  幅方向のエッチング深さとの比。

エッチングが深さ方向（縦方向）に進行するとき、目的とはしない横方向の
エッチング（サイドエッチ）も進行する。この深さ方向と横方向の比がエッチ
ファクターである。すなわち、

$$エッチファクター \ = \ \frac{深さ方向のエッチング量}{横方向のエッチング量}$$

である。エッチファクターは、エッチング終了後の最終的な形から計算する。

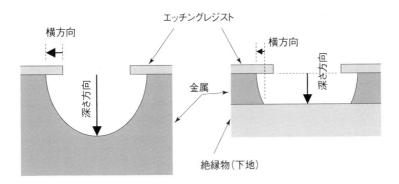

印刷製版などでは、エッチング
深さの制限なし。
　横方向と縦方向のエッチング
量は字義通りに定まる。

プリント配線板では、エッチン
グ深さは銅厚まで。その後は横
方向のみ進行。
　導体上部と導体下部のエッ
チング進行の差を横方向のエッ
チング量と定義する。

$$エッチファクター \ = \ \frac{深さ方向のエッチング量}{横方向のエッチング量}$$

図2.3　エッチファクター

写真製版のエッチングでは単純に深さ方向と横方向の進行の比率で計算すればよいが、プリント配線板のように、エッチングする金属層を貫通した時点で深さ方向の進行はそこで止まるような場合には、定義が異なる。この場合は深さ方向の進行は銅層の厚さと定義し、横方向の進行は銅層の上部（トップ）と下部（ボトム）の差と定義する。(図2.3、図2.5参照)

Column　日本産業規格（JIS）

　この章では、測定法、用語の定義などを、日本の国家規格であるJIS規格（正式名称は「日本産業規格」）に従って説明しているところが多い。1949年の法制化以来、この規格は長らく「日本工業規格」と呼ばれてきたが、産業標準化法（旧名称：工業標準化法）の改正に伴い2019年7月1日より「日本産業規格」と改称された。サービス産業の増加などの産業構造の変化に対応した変更である。ただし、英文名称である "Japanese Industrial Standards（JIS）" は従来のままで変更はされなかった。通称である「JIS規格」もそのまま使用されている。この本でも本文中では「日本産業規格」ではなく、通称の「JIS規格」を用いた。

2.2　エッチファクターの測定法

(1) マイクロセクション法（顕微鏡断面検査法）

　図2.3に示したようなエッチファクターの定義を配線の断面から見る方法である。

　マイクロセクション（microsection：顕微鏡断面試験、あるいは断面検鏡）はプリント配線板の品質評価に欠かせない重要な品質評価手法である。マイクロセクションはめっき・エッチングなどの加工品質のみならず、積層工程、穴あけ工程、原材料などに起因する不良の有無の検知に広く用いられている。

　原理的には、プリント配線板の一部を切り出して樹脂に埋め込み、切断・研磨して露出した断面（cross-section）を顕微鏡（microscope）で観察測定するという単純な手法である[*1]。原理的には単純であるが、手作業で行うにはかなりの技能を必要とされる（［文献2］）。次のような注意が必要である。

1) 断面検査はあくまでその切断面だけを見る検査であるから、実際の状況を見るためには試料数を増やす必要がある。端部が波打っているような配線の場合には、見る位置によって結果に大きなばらつきが生じることがある。

2) 切断、埋め込み、研磨のような作業の時に、試料に物理的障害や変形を与える可能性がある。特に銅のような柔らかい金属の場合には、表面層が水平方向に流れてしまう（「だれて」しまう）場合が多い。

3) 銅、ガラス、樹脂のような硬度の異なるものを研磨すると、研磨されやすい材質が多く削り取られ、断面の平坦性が保てず、真の断面を観察していることにならない（図2.4）。

　2）、3）のような不具合を避けるため、切削性の高いダイヤモンドペーストの使用、ダイヤモンド、サファイアなどの精密切断刃で切断する方法（ミクロトーム方式）の導入、イオンミリングによる断面切削などが導入されている。

(2) 導体幅測定法

　配線導体を上から観察しトップ幅とボトム幅を測定し、

$$深さ方向のエッチング量 = 導体厚$$

$$横方向のエッチング量 = \frac{ボトム幅 - トップ幅}{2}$$

として、

$$エッチファクター = \frac{導体厚 \times 2}{ボトム幅 - トップ幅}$$

＊1　詳細は、姉妹図書『本当に実務に役立つプリント配線板の研磨技術』7.4節『マイクロセクション資料作成における研磨技術』を参照のこと。

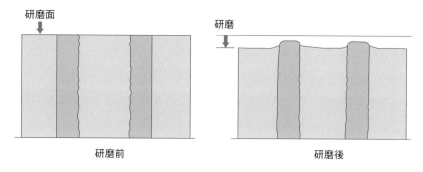

研磨面　研磨前

研磨　研磨後

図2.4　断面試料作成時のだれ

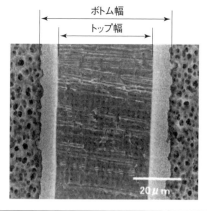

ボトム幅

トップ幅

20μm

$$エッチファクター \ = \ \frac{導体厚 \times 2}{ボトム幅 - トップ幅}$$

この写真は、銅回路を上面から見たSEM写真である。実際の測定ではSEMではなく、光学式の実体顕微鏡、測定顕微鏡あるいはレーザー走査顕微鏡などが用いられる。

図2.5　エッチファクターの計算法

によって計算する（図2.5）。この方法はマイクロセクション法と違って、

1) 非破壊検査で求めることができる

2) 断面観察のように、導体の長さ方向での一箇所の断面だけを見るのではなく、導体のある程度の長さの平均的な値を求めることができるので、

　　誤差が少ない

という利点を持っている。このような非破壊検査の場合には、銅厚測定も非破
壊検査法（2.3節を参照）を用いる必要がある。

(3) 共焦点レーザー顕微鏡による方法

　共焦点走査型レーザー顕微鏡は、レーザーにより試料をXY方向に走査し、
共焦点光学系により、焦点の合った位置のみの光を検知する。Z方向に移動さ
せてXY方向の走査を繰り返すと焦点の合った位置の3次元的情報（立体像）
が得られる。導体の断面と表面状態を同時に観察することができる（図2.6参
照）。

(4) エッチファクターの測定上の注意

　エッチファクターで注意すべきは、エッチングの進行によってエッチファク
ターが増加することである。これをよく表している写真を図2.7に示す（小泉

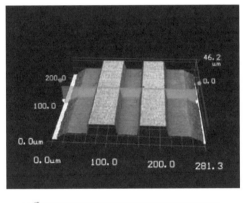

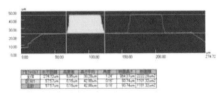

（株）キーエンス製VK-9700型顕微鏡カタログより

図2.6　レーザー走査顕微鏡（レーザー共焦点顕微鏡）による非破壊断面観察

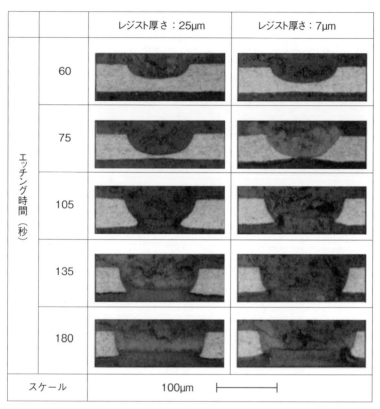

		レジスト厚さ：25μm	レジスト厚さ：7μm
エッチング時間（秒）	60		
	75		
	105		
	135		
	180		
スケール		100μm	

図2.7　エッチングの進行状況

らの報告［文献3］より）。

　したがって、エッチファクターが改善された場合でも、それがエッチング液組成あるいはエッチング条件による真の改善なのか、単に過剰エッチング気味になったため（あるいはエッチング不足が解消したため）による見かけ上の改善なのかを区別する必要がある。

　エッチファクターを改善して細線化に対応する方法に関しては5.2.5項『超ファインピッチ用エッチング液』を参照のこと。

2.3　銅厚の測定方法

　エッチング速度を測定する場合、エッチファクターを測定する場合など、エッチングの品質把握のためには、導体層である銅の厚さを測定する必要が生ずる場合が多い。以下のような測定方法がよく用いられる。

(1) 渦電流法

　渦電流（Eddy Current）とは、変化する磁界中で、電磁誘導により導体に発生する渦巻状の電流である。この電流は周波数と導体の抵抗率に比例し、最初の磁界と反対向きの磁界を発生させる。プローブは磁界発生用のコイルを非測定物から一定の距離を保って固定する構造になっている。一定の周波数の交流電流を印加し、交流磁界を生成すると、皮膜で発生した渦電流がコイルのリアクタンスを変化させる。この変化から皮膜厚へ換算する（図2.8参照）。

(2) 微小抵抗法

　長さl、断面積A、抵抗率ρの導体の抵抗Rは、

$$R = \rho \, \frac{l}{A}$$

である。銅の場合は $\rho = 1.7241 \mu \Omega \cdot \mathrm{cm}$ である。

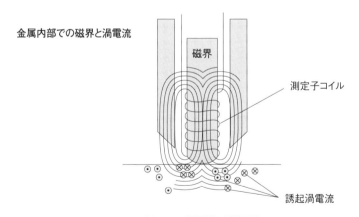

図2.8　渦電流式膜厚計

ρ と l が既知のとき、R を測定して A を求め、断面積 A から厚さ T を求めることができる。トップ幅 W_T、ボトム幅 W_B、厚さ T の配線の断面積 A は、

$$A = \frac{1}{2}\left(W_T + W_B\right)T$$

となることを利用する（台形に近似）。

幅 W、厚さ T の配線の断面積は $A = WT$ であるから、長さ l と幅 W が等しいとき（$l = W$ の正方形導体のとき）は、

$$R_S = \rho\,\frac{l}{A} = \rho\,\frac{l}{WT} = \frac{\rho}{T}$$

となる。この時の抵抗 R_S をシート抵抗（面抵抗率）と呼ぶ。なお、シート抵抗の単位は Ω（オーム）であるが、シート抵抗であることを明示するために慣用的には $\Omega/\square$（オームパースクエア）を用いる（スクエア square は正方形の意）。配線の形成されていない全面銅箔の場合（図2.9（2）の場合）でも専用プローブによってシート抵抗を測定すれば、ρ は既知であるから厚さ T を求めることができる。

A：電流端子（ここに電流を流す）
V：電圧端子（ここで電圧測定）

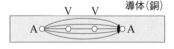

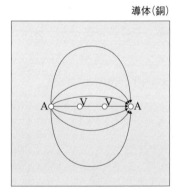

(1)導体に幅があり、電流の流れる道が拘束される場合（配線導体など）
V-V端子間に全電流が流れる。

(2)導体に十分大きな面積があり、電流の流れる道が拘束されない場合（銅張積層板など）
V-V端子間には全電流の一部（端子配置によって決まる割合）が流れる。

図2.9　導体層での電流の流れ方

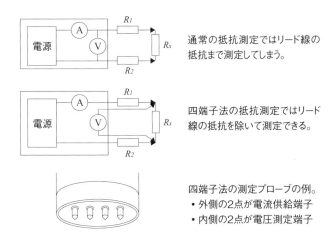

通常の抵抗測定ではリード線の
抵抗まで測定してしまう。

四端子法の抵抗測定ではリード
線の抵抗を除いて測定できる。

四端子法の測定プローブの例。
・外側の2点が電流供給端子
・内側の2点が電圧測定端子

図2.10　四端子法による抵抗測定

　この方法ではミリオーム単位の低い抵抗を測定する必要がある。したがっ
て、測定器と被測定部との間の導体（リード線）の抵抗を打ち消す必要があ
り、電流配線と電圧配線を分離した四端子法を採用する（図2.10）。

Column　めっきした銅の再結晶に関する注意

　電気銅めっきした直後の銅は、銅の結晶粒がまだ定常状態に達していな
いため、体積抵抗率ρも不安定である。めっき直後はρが高く、再結晶が
進むにつれて低下して、24時間程度で定常値近くまで戻る。これは、めっ
き液やめっき条件によっても変わる［文献4］。

　このため、めっき直後に、微小抵抗法のような体積抵抗率を基準にした
方法でめっき厚を測定すると、実際の値より数十％低く出ることがある。

　このような再結晶の影響があるのは、めっき厚測定（微小抵抗法、渦電
流法）だけではなく、銅の物性測定（引張試験、硬度測定など）でも同じ
である。そのため、例えば米国IPCのめっきの物性試験規格［文献5］で
は125℃±5℃で4～6時間のプリコンディショニング（熱処理による再結

晶化）を行ってから測定するように規定されている。めっき厚測定の時も、同様に加熱後の測定が望まれる。

その他、めっきの再結晶は銅のエッチング性（エッチングされやすさ）にも影響する。めっき直後の銅はエッチングされやすく、この性質はビアフィリングめっき（穴埋めめっき）で特に顕著である。そのため、ビアフィリングめっき後にそのままマイクロエッチ工程を通ると、せっかくめっきで埋めたビアの銅がエッチングされて無くなってしまう不具合が発生することがある。これを予防するために、ビアフィリングめっきの後工程として、銅の再結晶を促進するための加熱工程を設けるのが一般的である。

(3) 共焦点レーザー顕微鏡による方法

レーザー顕微鏡では、銅厚は断面における段差として測定できる。

(4) マイクロセクション法

試料を作製し顕微鏡で断面を観察測定する。詳細は、2.2節（1）ですでに説明したからそれを参照のこと。

2.4 エッチング均一性の評価方法

理論的には簡単ではあるが、実際にエッチングが均一になされているかどうかを生産現場で確認するためには、種々のテクニックが必要になる。この節ではその評価方法を紹介する。なお以下の説明では、水平コンベア式のスプレーエッチング装置を用いることを前提としている。

均一性の指標としては、面内均一性と面間均一性がある。

（a）面内均一性

同一面（表面あるいは裏面）のなかでのエッチング厚均一性。板の中心部と端部の差のような大局的な均一性もあれば、エッチングノズルの配置の痕跡や搬送ロールの影のような局部的な均一性もある。ノズルの詰まりによる均一性の乱れのような偶発的なものもある。これらすべての要因が面内均一性を形成

している。

(b) 面間均一性（表裏差）

これは裏と表の間の差の評価である。

エッチング反応では、エッチング液のなかに溶け込んだ銅イオンが拡散してゆく段階が反応速度を決める。またエッチング反応が起こっている場所にはつねに新液を供給する必要がある。水平搬送型スプレーエッチング装置では、下側はスプレーでパネル[*2]に当たったエッチング液は重力によって下に落ちるから、新液供給は理想的な状況にある。しかし、上側はエッチング液の溜まりができるため、エッチング反応の局所に新液を供給することが難しくなる場合が多い。このためエッチング速度には上下の差ができやすい（この上側に液溜まりができてエッチング反応を阻害することを液溜まり効果（puddling effect）と呼ぶ。puddle とは水溜まりの意味である）。

具体的な手順としては次のような方法が用いられる。

(1) ハーフエッチ法

銅張積層板の銅箔厚のほぼ半分程度をエッチングするような条件（液組成、温度、コンベア速度）にエッチングマシンを調整し、板をマシンに通してエッチング処理を行い、処理前後の銅箔厚の差からエッチング厚の分布を測定する方法。例えば35μm銅箔の銅張積層板を15μm程度エッチングしてピッチ5cm格子で測定する、のような手順である。

(2) ジャストエッチ法

銅張積層板の銅箔厚のほぼすべてをエッチングし、積層板の樹脂が露出するぎりぎりの条件（液組成、温度、コンベア速度）にエッチングマシンを調整し、板をマシンに通してエッチング処理を行い、銅残りのパターンを見る方法。視覚的に、エッチング速度の遅い箇所を発見することができる。搬送ロールの影の影響などを発見することが可能である（図2.11）。

＊2　ここで言う「パネル」とは製造中の板、処理の対象の板のことを示す。JIS 用語で「プリント配線板の製造工程を順次通過する、製造設備にあった大きさの板」と定義されている（JIS C5603）。通常 1 枚のパネルには複数枚の製品が割り付けられている。この割付けのことをパネライズ（panelize）または面付けと呼ぶ。

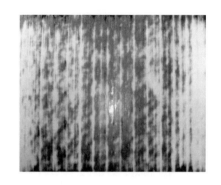

図2.11　ジャストエッチ法による評価例

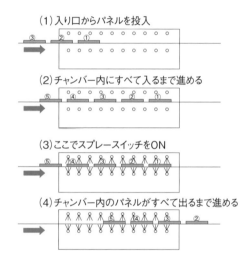

(1) 入り口からパネルを投入

(2) チャンバー内にすべて入るまで進める

(3) ここでスプレースイッチをON

(4) チャンバー内のパネルがすべて出るまで進める

図2.12　ストロボ・エッチング

(3) ストロボ・エッチング方式

　スプレーOFFの状態で、パネルを連続してエッチングマシンのコンベア上
に投入し、パネルが隙間なくエッチングチャンバー内に並んだ時点でスプレー
をONにしてエッチングを最後まで行う方法（図2.12）。エッチング時間0か
ら設定エッチング時間まで、同時に評価することができ、エッチングの進行状

図2.13　フットマークの例

態を時系列で見ることができる。

(4) フットマーク方式

　スプレーOFFの状態で、銅張積層板を連続してエッチングマシンのコンベア上に投入し、銅張積層板が隙間なくエッチングチャンバー内に並んだ時点でコンベアを止める。その後、板が静止したまま、エッチングスプレーを数秒間噴射して止める。コンベアを動かして板を回収し、全部のエッチングスプレーのパターンを検査する（図2.13）。各ノズルの詰まりなどの不良、ノズル配置の不具合などを検知することができる。この方法では、スプレー揺動は止めて行う。

　なおこの方法は、機械式バフ研磨機の調整方法として、研磨バフの下に停止させた板に対して研磨バフを短時間動かしてフットマークを作成し、バフの片減りなどを確認する手法をエッチングに応用したものである。

2.5 表面粗さの定義

　銅のマイクロエッチで表面粗さの調整を行う場合などに、表面粗さを測定することが重要になる。デジタル技術の発達により、現在の表面粗さの測定作業は非常に簡単になっていて、触針式表面粗さ測定機を使えばただちに数値が出力される。しかしこの出力される「粗さ」にはさまざまな種類があり、その数値の意味を理解しておくことが重要である。

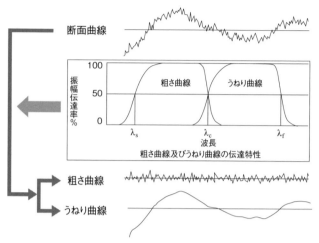

出典：曲線の図は株式会社ミツトヨ提供（「精密測定機器の豆知識」より）。
伝達係数の図はJIS B0601［文献6］より

図2.14　表面粗さの測定

　検出器の先端部の触針（プローブ）が，試料の表面に直接触れ，表面をなぞって動き，触針の上下運動を検出器が電気信号に変換する。その電気信号を増幅，デジタル化して処理・演算を行う。

　注意しなければいけないのは，この方法はあくまでも触針は直線上を動き，その直線（X座標）上の高さ（Z座標）の変化を測定しているということである。したがってデータは二次元のデータになる。表面粗さに方向性がある場合は，検出器が移動する方向によって測定結果が異なるから注意が必要である。

　測定機は次のような演算を行っている（図2.14）。

　（1）表面の凹凸情報を取り込む。これが測定曲線である。

　（2）被測定物の理論的形状（呼び形状）を除去する。

　（3）カットオフ値 λ_s の低域フィルター（ローパスフィルター）を用いて，高周波の雑音（ごく微細な凹凸）をカットする。これが断面曲線である。

　（4）断面曲線をカットオフ値 λ_c の高域フィルター（ハイパスフィルター）処理して粗さ曲線を得る。

表2.1　JIS B0601:2013(ISO 4287 Amd.1) で定義されるパラメータ一覧および JISの版による差異

規格(JIS B0601)発行年		1982年版		1994年版	2001年版・2013年版			JIS B0601:2013における定義
評価曲線		断面曲線	粗さ曲線	粗さ曲線	断面曲線	粗さ曲線	うねり曲線	(特に表記がない限りは規準長さにおける値)
山および谷の高さパラメータ	最大山高さ	$-$	$-$	$-$	Pp	Rp	Wp	輪郭曲線の山高さZpの最大値
	最大谷深さ	$-$	$-$	$-$	Pv	Rv	Wv	輪郭曲線の谷深さZvの最大値
	最大高さ	$Rmax$	$-$	Ry	Pz	Rz(注2)	Wz	輪郭曲線の山高さZpの最大値と谷深さZvの最大値との和
	要素の平均高さ	$-$	$-$	$-$	Pc	Rc	Wc	輪郭曲線要素の高さZtの平均値
	最大断面高さ	$-$	$-$	$-$	Pt	Rt	Wt	評価長さにおける輪郭曲線の山高さZpの最大値と谷深さZvの最大値との和
高さ方向のパラメータ	算術平均高さ	$-$	Ra	Ra	Pa	Ra	Wa	$Z(x)$の絶対値の平均
	二乗平均平方根高さ	$-$	$-$	$-$	Pq	Rq	Wq	$Z(x)$の二乗平均平方根
	スキューネス	$-$	$-$	$-$	Psk	Rsk	Wsk	Pq,Rq,Wqの三乗によって無次元化した$Z(x)$の三乗平均。歪度(非対称性の尺度)
	クルトシス	$-$	$-$	$-$	Pku	Rku	Wku	Pq,Rq,Wqの四乗によって無次元化した$Z(x)$の四乗平均。尖度(鋭さの尺度)
横方向のパラメータ	要素の平均長さ	$-$	$-$	Sm	PSm	RSm	WSm	輪郭曲線要素の長さXsの平均
複合パラメータ	要素に基づくピークカウント数(注3)	$-$	$-$	$-$	PPc	RPc	WPc	輪郭曲線長さL／要素の平均長さ
	二乗平均平方根傾斜	$-$	$-$	$-$	$P\varDelta q$	$R\varDelta q$	$W\varDelta q$	局部傾斜$dZ(x)/dx$の二乗平均平方根
負荷曲線に関連するパラメータ	負荷長さ率 (注4)	$-$	$-$	$-$	$Pmr(c)$	$Rmr(c)$	$Wmr(c)$	評価長さに対する切断レベルcにおける輪郭曲線要素の負荷長さ$Ml(c)$の比率
	切断レベル差	$-$	$-$	$-$	$P\delta c$	$R\delta c$	$W\delta c$	与えられた2つの負荷長さ率に一致する高さ方向の切断レベルの差
	相対負荷長さ率	$-$	$-$	$-$	Pmr	Rmr	Wmr	基準とする切断レベルc_0と輪郭曲線の切断レベル$R\delta c$によって決まる負荷長さ率
参考	十点平均粗さ(注1)	Rz	$-$	Rz	$-$	Rz_{JIS} (注1)	$-$	最高の山頂から高い順に5番目までの山高さの平均と最深の谷底から深い順に5番目までの谷深さの平均との和

(注1)十点平均粗さRz_{JIS}は以前用いられていた古いパラメータであり、現在の規格にはない。最新のJIS規格では規格本文ではなく附属書に参考として規定がある。

(注2)十点平均粗さで以前使われていた記号Rzは現在の規格では最大高さに使われていることに注意。

(注3)輪郭曲線要素に基づくピークカウント数はJIS2013年版で追加されたパラメータである。

(注4)輪郭曲線の負荷曲線(アボットの負荷曲線)および輪郭曲線の確率密度関数はこの表からは省略した。

出典：JIS B0601(2013)の第4章、附属書Cおよび解説をもとにして作成した。「本当に実務に役立つプリント配線板のエッチング技術(初版)」(2009)の表2.1を、最新のJISを反映させて改訂したものである。

(5) 断面曲線をλ_cからλ_fの帯域フィルター（バンドパスフィルター）で処理して、うねり曲線を得る。

(6) 断面曲線、粗さ曲線、うねり曲線の3つに対して一定のアルゴリズムを適用して各種パラメータを算出する。

ここで得られるパラメータには、最大山高さ、最大谷深さ、最大高さ、要素の平均高さ、最大断面高さ、算術平均高さ、二乗平均平方根高さ、スキューネス、クルトシス、要素の平均長さ、要素に基づくピークカウント数、二乗平均平方根傾斜、負荷長さ率、切断レベル差、相対負荷長さ率がある。

これほど多くのパラメータで表面粗さを評価するようになったのはJIS規格（JIS B0601［文献6］）が2001年に大幅に改訂されてからである（現在の最新版は2013年版）。この規格は過去にも何回か大改訂を経ており、1982年、1994年の改訂の際にも粗さのパラメータが変化している。各パラメータの意味と、改訂各版の対応を表2.1に示す。

なお、粗さ曲線は英語の roughness profile に相当する用語である。そして、プロファイル（profile：輪郭）という語が表面粗さ自体を表す用語として使われることがある。特に、low-profile（低粗度の）、profile-free（粗さのない、平滑な）などのように、銅箔の表面粗さを形容する時によく用いられる。

Ⓒolumn　十点平均粗さ

以前日本国内でよく用いられていた十点平均粗さR_zは、対応国際規格（ISO 4287［文献7］）からは1997年に削除され、JISでも本文からは削除され、付属書に参考という位置づけで残っているのみである。記号もR_{ZJIS}と変わった。

十点平均粗さは、触針からの電気信号を増幅し、アナログ式ペンレコーダーで記録し、その山と谷に5点ずつマークを付けて、記録用紙の目盛りから高さを読み取って平均する、というような手順で計算された、アナログ時代の産物である。

以前十点平均粗さに使われていた記号R_zは、現在は別の意味（最大高

さ。以前のR_y。通常、十点平均粗さよりは大きな値を示す）に用いられている。

　古い報告書を読む場合、または社内の標準が古いパラメーターに依存している場合などは注意が必要である。

2.6　密着性の評価法

　銅表面をマイクロエッチにより粗化する効果のひとつに、銅表面とそれに接する層との間の密着性の向上がある。この「それに接する層」と記したものには、次のようなものである。

　（1）はんだ付けして形成したはんだ層

　（2）積層により形成したガラス繊維強化エポキシ樹脂などの絶縁層

　（3）各種の塗布法により形成したビルドアップ層

　（4）印刷などにより形成したソルダーレジストなどの層

　（5）エッチングレジスト、めっきレジストなどのフォトレジストの層

この密着性を評価する方法の主要なものをこの節で説明する。

2.6.1　はんだ付けの接着強度（はんだボールのシアテストとプルテスト）

　はんだボールの密着性のテストは、JEDEC規格［文献8］［文献9］で定められており、シアテストとプルテストがある（図2.15）。

　シアテストはシアツールによってはんだボールを水平方向に剪断（シア切断）し、剪断応力を測定し、そのときの破壊モードを①延性破壊、②パッドリフト、③ボールリフト、④界面破壊に分類評価する方法である。シアツールの移動速度によって、低速試験（0.1〜0.8 mm/秒、Condition A）と高速試験（0.01〜1.0m/秒あるいはそれ以上、Condition B）がある。高速試験の方が、携帯機器などで要求される落下試験との相関性が高いとされている。

　プルテストははんだボールをクランプではさみ、垂直に引き上げる試験である。最大応力を測定し、そのときの破壊モードを①延性破壊、②パッドリフ

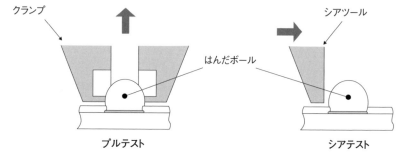

図2.15　はんだボールのプルテストとシアテスト

ト、③ボールリフト（濡れ不足）、④界面破壊（脆性破壊）、⑤ボール押出変形
（再試験）に分類評価する方法である。低速プル（0.1〜15mm/秒、Condition
A）と高速プル（50〜1,000mm/秒、Condition B）がある。

　図2.16にプルテストとシアテストの破壊モードのまとめを示した。

用語解説 ▶ Shear と Share ──────────────────────────

　シアをシェアと誤記する例をよく見る。シア（shear 剪断する）とシェア（share
共有する）は発音も異なるまったく別の単語であるから、音訳するときも区別が必
要である。

2.6.2　塗膜の密着性試験

　ソルダーレジスト、シンボルマークなどの金属上に形成した塗膜の密着性試
験には以下のようなものがある。

（1）テープテスト

　接着テープを圧着後、直角方向に引き剥がし、ソルダーレジストやシンボル
マークの浮き上がりおよびテープ側への転移の有無を拡大鏡などで調べる方法
である（JIS C5012［文献10］の8.6.1項、JIS C5016［文献11］の8.5.1項）。

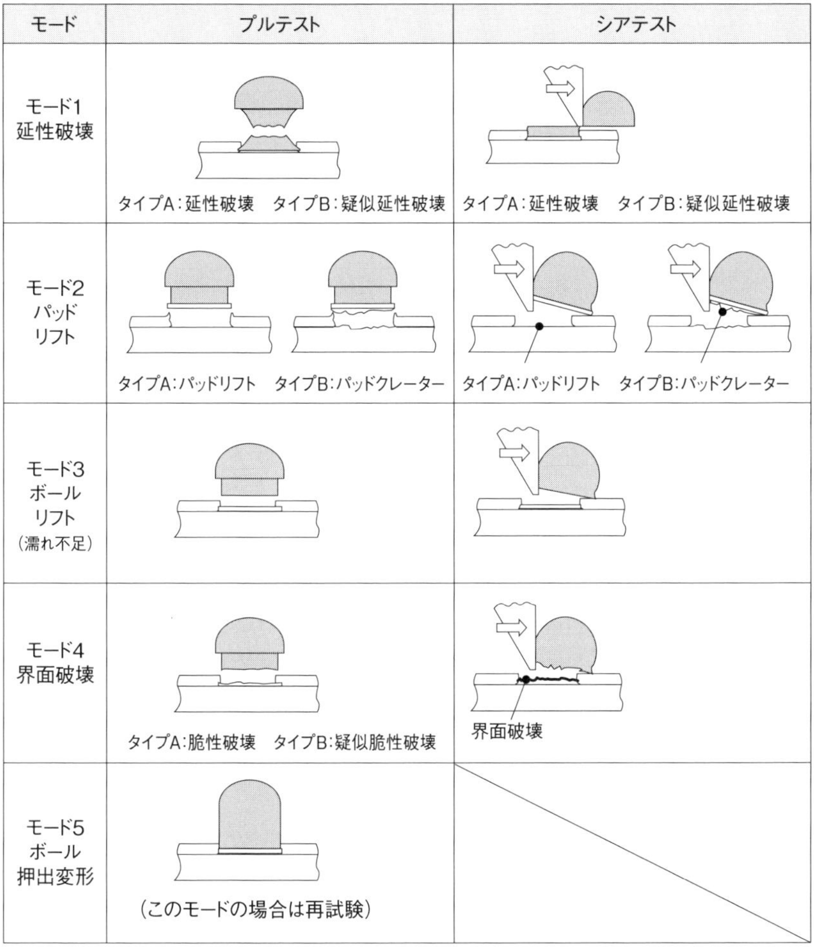

モード	プルテスト	シアテスト
モード1 延性破壊	タイプA：延性破壊　タイプB：疑似延性破壊	タイプA：延性破壊　タイプB：疑似延性破壊
モード2 パッド リフト	タイプA：パッドリフト　タイプB：パッドクレーター	タイプA：パッドリフト　タイプB：パッドクレーター
モード3 ボール リフト （濡れ不足）		
モード4 界面破壊	タイプA：脆性破壊　タイプB：疑似脆性破壊	界面破壊
モード5 ボール 押出変形	（このモードの場合は再試験）	

JEDEC規格のJESD22-B115A.01［文献8］およびJESD22-B117B［文献9］をもとに作成。
この図では破断面の断面図などは省略してある。詳細は規格の原文を参照のこと。

図2.16　はんだボールのプルテストとシアテスト破壊モード一覧

(2)　クロスカットテスト

　塗膜にクロスカットを入れて、テープテストを行い、剥がれの度合いを見る
方法である（図2.17）。以前は碁盤目試験とも呼ばれていた。JIS規格 K5600-

5-6［文献12］に規定された方法[*3]である。クロスカットを入れるのは、多重刃カッターのような専用工具を用いるか、あるいは一般的なカッターと専用のテンプレート（カッティングガイド）を用いて行う（図2.18）。

　このクロスカットテストをフォトレジストの密着性に応用するには、フォトレジストの本来の役割を考え、カッターで作成するのではなく、写真法でサンプルを作成するほうがよい。そのときに用いるパターン（マトリックスパターン）の一例を図2.19に示す。エッチングレジストやめっきレジストの密着性

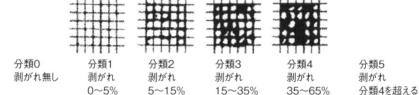

分類0	分類1	分類2	分類3	分類4	分類5
剥がれ無し	剥がれ	剥がれ	剥がれ	剥がれ	剥がれ
	0〜5%	5〜15%	15〜35%	35〜65%	分類4を超える

JIS K5600-5-6［文献12］表1より

図2.17　クロスカットテストの評価

資料提供：コーテック株式会社
クロスハッチカッターCC1000

コーテック(株)『クロスハッチカッター』カタログより

図2.18　クロスカット作成用工具の例

＊3　JIS C5012 の 8.6.2 項『碁盤目試験』は JIS K5400 を参照しているが、この規格は 2002年に廃止されていて、新規格は JIS K5600 である。

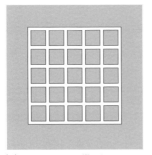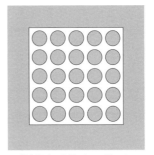

　(1) JIS K6800 に準じた　　　　　　　　　(2) ドットマトリックスパターン
　　　クロスカットパターン(5×5の例)

図2.19　フォトレジストの密着性評価パターンの例

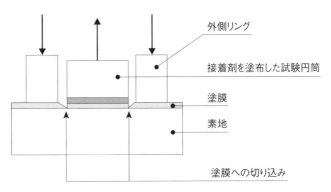

JIS K5600-5-7［文献13］の図5による

図2.20　プルオフテスト

評価では、あえてテープテストを実施する必要はなく、現像後あるいはエッチング後のパターンの残存の度合いを見るだけで良い場合も多い。

(3) プルオフテスト

　塗膜上に金属性の試験円筒（「ドリー」と呼ぶ）を接着し、円筒外側の塗膜に円筒の外周沿いに切り込みを入れ、垂直に引き上げて、剥離したときの力から付着力を求める方法である（**図2.20**）。JIS規格 K5600-5-7［文献13］に規定されている。

2.6.3 銅層の基材への密着性

(1) 引き剥がし試験

　銅箔あるいは銅めっき層を一定の幅の細長いパターンに加工し、端部から引き剥がしてゆくときに必要な力を、パターン幅の単位長さあたりに換算した（パターンの幅で割った）値が引き剥がし強さである。引き剥がし試験（peel test ピールテストとも呼ぶ）には引き剥がす方向によって90度引き剥がし、180度引き剥がしの2種類ある。図2.21および図2.22のような形の試験である。

(2) ランドなどの引き離し試験

　めっきがない穴のランドの引き離し強さ、めっきスルーホールの引き抜き強さ、フットプリントの引き離し強さ、などがJIS規格［文献11］で定まっている。図2.23に示したようなリード線をはんだ付けした試料を作成し、リード線を引き離す力を引張試験により求め、評価を行う。

(3) はんだ耐熱性の試験

　プリント配線板のはんだ耐熱性試験、およびソルダーレジスト、シンボルマークの耐熱性試験は、一定温度の溶融はんだに一定時間接触させて、膨れ、はがれなどの異常の有無を目視で確認する方法がJIS規格［文献10］に規定されている。はんだに接触させる方法としては、はんだフロート法とリフローソ

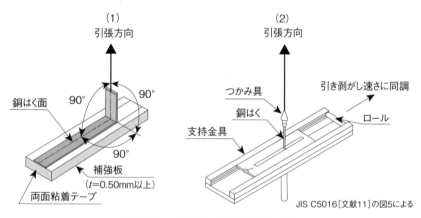

図2.21　90度方向引き剥がし試験

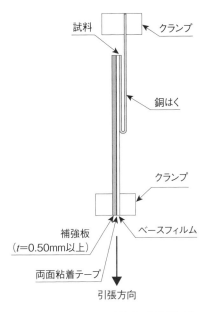

試料

クランプ

銅はく

クランプ

ベースフィルム

補強板
（*t*=0.50mm以上）

両面粘着テープ

引張方向

JIS C5016［文献11］の図7による

フレキシブル銅張積層板（FCCL）の試験の場合、
この図のように補強板が必要になる。

図2.22　180度方向引き剥がし試験

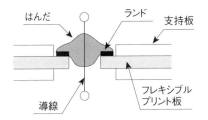

(1)めっきがない穴のランドの引き離し強さの試料

はんだ　　　ランド　　支持板

導線　　フレキシブル
プリント板

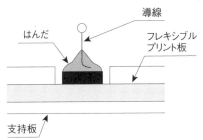

(2)フットプリントの引き離し強さの試料

導線

フレキシブル
プリント板

はんだ

支持板

JIS C5016［文献11］の図11、図12による

図2.23　ランドなどの引き離し試験の例
（フレキシブルプリント配線板の例）

ルダリング法の2種が規定されている。多層板の内層の銅回路と絶縁層の間の
密着性、ソルダーレジストと表面回路の接着性などの評価には、この方法も有
用である。

2.6.4　密着性評価の実例

　図2.24～図2.26に密着性評価の実例を示す。銅表面のマイクロエッチ剤の
種類、エッチング量などの密着性に与える影響をさまざまな方法で評価したも
のである。

	MECetchBOND CZ-8100	硫酸−過酸化水素系 マイクロエッチング剤	バフ研磨
基板側		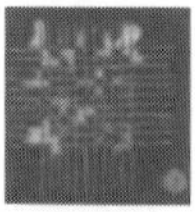	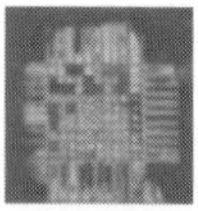
テープ側		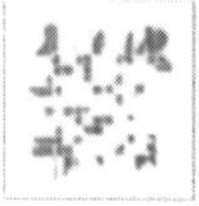	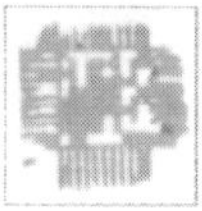

図2.24　クロスカットテストの例

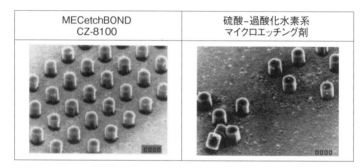

図2.25　ドットマトリックス法による密着性評価の例

CZ-8100処理	CL-8300処理	はんだ耐熱温度			
		250℃	260℃	270℃	280℃
0.5µmエッチング	なし	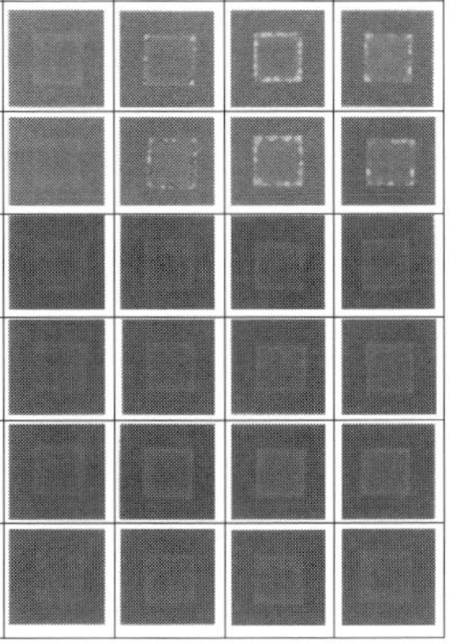			
	あり				
1µmエッチング	なし				
	あり				
2µmエッチング	なし				
	あり				

マイクロエッチングによる銅表面の粗化処理をエッチング量を3種
変えて行い、その後の有機被膜形成処理（酸化防止および密着
性向上が目的）の有無と組み合わせて6種の条件の評価。

資料提供：メック株式会社

図2.26　はんだ耐熱性試験による密着性評価の例

2.7　サイドエッチとの闘いの歴史

2.7.1　キリン血盛り技術

　エッチング技術の微細化の歴史はサイドエッチとの闘いの歴史であった。そ
れは、エッチング技術がプリント配線板に応用されるはるか前、19世紀後半
に確立された印刷用写真製版の技術までさかのぼる。高品位の印刷製版を作る
ために、キリン血盛り法というサイドエッチ低減手法が用いられた。

　この手法は、キリン血（きりんけつ。Dragon's Bloodの訳。竜血とも訳され
る）と呼ばれる、植物由来の天然樹脂の粉末を使って側壁を保護する方法であ
る。この粉末はエッチングパウダーと呼ばれた。

　浅いエッチングを何回にも分けて行い、1回のエッチング（bite（ひとかじ

り）と称する）ごとに四方向からキリン血粉末をはけで側壁部にはき寄せ、加熱融着させて、フォトレジストと一体化したエッチングレジスト皮膜を作る。これを何回も繰り返して所定のエッチング厚を得る方法である（図2.27）。非常に手間のかかる、熟練を要する作業であった。

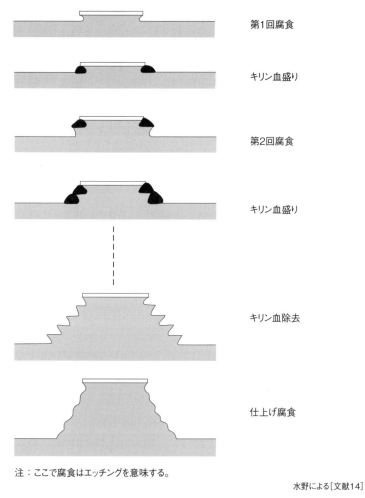

第1回腐食

キリン血盛り

第2回腐食

キリン血盛り

キリン血除去

仕上げ腐食

注：ここで腐食はエッチングを意味する。

水野による［文献14］

図2.27　キリン血盛り法

2.7.2　パウダーレスエッチング

このようなエッチングパウダーを用いた方法に革新をもたらしたのが、1950年ころダウ・ケミカル社が開発したパウダーレスエッチング技術であった（1953年に米国特許［文献15］を取得）。エッチングパウダーを不要とした技術である。製版のための亜鉛版を硝酸でエッチングする際などに、エッチング液として酸の他に界面活性剤・油剤などを添加したものを用いる。版面に対して垂直にエッチング液を吹き付けると、側壁は噴き付け圧力が小さいため、この添加物が吸着し、保護皮膜を形成する。ちょうど、エッチングパウダーの焼き付けと同じ効果が得られることになり、サイドエッチの少ないエッチングが得られる。

2.7.3　バンキングエージェント

このように、スプレー衝撃力（打力）の低い側壁に吸着しサイドエッチを低減させる効果を持つ添加剤を、バンキングエージェント（banking agent 築堤剤）と称する。導体と導体の間の間隙を、堤防と堤防の間の河川に喩えた用語である。

プリント配線板のエッチングにもさまざまな組成のものが提案され、一部は実用化している。バンキングエージェントを添加したエッチング液は、回路微細化の進行にしたがって、注目をあびている。詳細は5.2.5項『超ファインピッチ用エッチング液』を参照のこと。

塩化第二銅エッチングにおいては、塩化第一銅の表面被膜が生成し、それがさらに溶解する形でエッチングが生成する（5.2.1項および5.2.2項参照）。この塩化第一銅の皮膜もバンキングエージェントとして機能していることになる。

Column　現代の「キリン血法」

印刷用写真製版で用いられたエッチングパウダーの方法（キリン血盛り）は、図2.27に示したように何回も繰り返してすこしずつ掘り進むため、壁面には水平方向の溝状の凹凸が形成された。キリン血盛り方は、

エッチング液の改良（パウダーレスエッチングの登場）によって廃れてしまったが、その後何十年も経ってから、同じような原理を使って開発された方法がある。

　それは、1992年に開発された、MEMSなどで使われる深掘りエッチング（DRIE：Deep Reactive Ion Etching）のボッシュプロセス［文献16］である。この方法でも壁面に同じような溝状の形状が現れる。これは、

　1）六フッ化硫黄（SF_6）などのガスを用いて反応性イオンエッチング（RIE）を行う（エッチング）。

　2）オクタフルオロシクロブタン（C_4F_8）などのガスを用いて側壁に保護膜（重合膜）を形成する（パシベーション）。

を繰り返して穴を掘り進めてゆく方法である。

　これは MEMS 用のドライプロセスであり，サイズ的には印刷用写真製版よりは桁違いに小さいが，ここでも孔壁に特徴的な凹凸が現れ，この凹凸の波型形状はスキャロップ（scallop = ホタテ貝）[4]と呼ばれている（図2.28）。

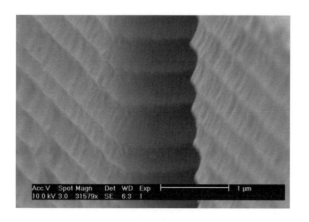

図2.28　ボッシュプロセスで加工したシリコン側壁の凹凸

---

* 4　さらに微細化が発展した現在ではこのスキャロップ無しの深掘りエッチングが開発されている。

2.7.4　エッチ代（腐食代）の補正

　導体間のエッチングの進行は図2.29のように楕円で近似するのが、一番簡便である。この近似法を用いて、微細化の限界がどこにあるかも計算されている［文献17］。

　この図からもわかるように、オーバーエッチ（エッチング過剰）気味の方が、良いエッチファクターが得られる。したがって、目的導体幅よりもエッチングレジストの幅を大きくする（太らせる）手法が活用されている。この拡大する部分がエッチ代（しろ）（あるいは腐食代）である。導体が並んでいるところは一定のエッチ代を追加するだけですむが、導体パターンによってはエッチ代にさらに補正を加える。CAD、CAMソフトウエアの進歩によりかなり柔軟な補正ができるようになっている。

a）導体のない領域に面した導体（すなわち"波打ち際"の導体）はサイドエッチが大きくなるため、その側面だけを大きく太らせる（図2.30（a））。

b）導体のない領域に面した導体はサイドエッチが大きくなるため、そのところにダミーパターン（あるいは、犠牲パターンとも呼ぶ）を設けて細りを防止する（図2.30（b））。

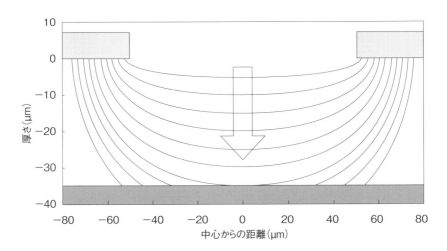

図2.29　エッチングの進行状態の楕円近似

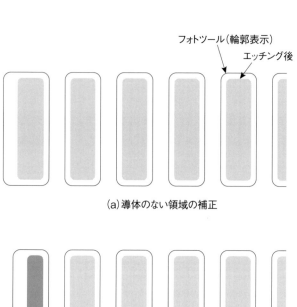

（a）導体のない領域の補正

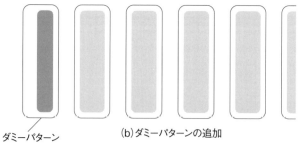

ダミーパターン　　　　　（b）ダミーパターンの追加

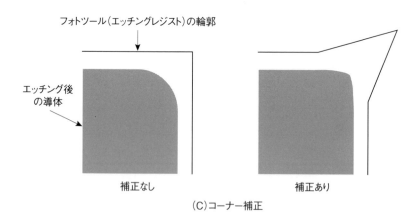

補正なし　　　　　　　　　　　補正あり

（C）コーナー補正

図2.30　エッチ代（腐食代）の修正

c) 配線パターンの角の部分（バッドのコーナー部など）は、フォトツール
　　段階で（エッチングレジスト段階で）きちんとコーナーがあっても、
　　エッチング後には丸くなってしまう。これを補正するためにフォトツー
　　ルで突起部「セリフ」を追加し、コーナー補正を行う（図2.30（c））。
　　この補正用の突起部は、タイポグラフィ（活字印刷技術）の用語を用い
　　て、セリフ（serif 文字の末端から突き出た飾り）と呼ばれる（図2.31
　　参照）。

　実際のコーナー補正は図2.32のようなさまざまな形状が用いられている。

　半導体の世界でも、微細回路パターンの露光においてパターン補正のテ
クニックは使用されていて、その場合は光近接効果補正（Optical proximity
correction = OPC）と呼ばれている。

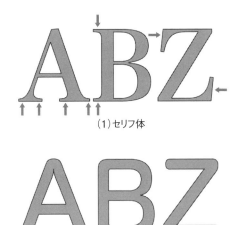

(1)セリフ体

(2)サンセリフ体

・ セリフ体の文字の先端にある小さな飾り（突起）がセリフ（serif）である（上図の矢印の部分）。
・ このような飾りを持たない字体がサンセリフ（sans-serif）体である。Sansはフランス語で「〜なし」
　の意味（英語の"without"や"-less"にあたる）。

図2.31　セリフ体とサンセリフ体

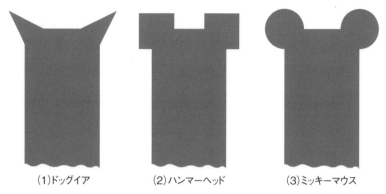

| (1)ドッグイア | (2)ハンマーヘッド | (3)ミッキーマウス |

注：ドッグイア（dog ear）は犬の耳、ハンマーヘッド（hammerhead）は金槌の頭の意味である。

図2.32　さまざまなコーナー補正パターン

𝐂olumn　エッチング断面の形状

　現在のスプレーエッチング装置は、高圧力、高流量のスプレーを用いて、打力によって液を高速循環し、常に新液がエッチング箇所の底部に当たるようにして、高速で掘り進んでゆく機構になっている。

　このようなスプレーエッチングとは別に、浸漬エッチング液も用いることがある。この場合、打力は期待できないため、スプレーエッチングよりはエッチング速度がかなり遅い（したがって生産性が劣る）。このことも

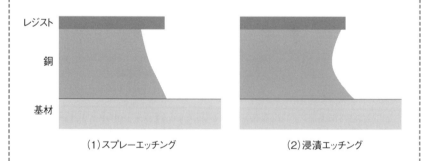

| レジスト |
| 銅 |
| 基材 |

| (1)スプレーエッチング | (2)浸漬エッチング |

図2.33　エッチング導体断面形状

あって、現在ではあまり用いられていない。

　この2つの方法は、エッチング断面も特徴的な差があり、図2.33のようになる。この差を利用して、生産性は劣るが、浸漬エッチングのような形状を得るために、低圧スプレーを用いて低打力でエッチングする方法も試行されている。

第2章　参考文献

1.　JIS C5603,"プリント回路用語",1987年制定,1993年改正

2.　Bob Neves："The Microsection — a Work of Art（Part 1）", Circuitree, May1996, p.118（1996）；（Part2), ibid, June 1996, pp.104–108（1996）；（Part3), ibid. July1996, pp.28–30（1996）

3.　小泉徹："FPC微細化とエッチング技術",サーフェスマウントテクノロジー（月刊Semiconductor World増刊号), Vol.10, No.6, pp.62–66,（1991年3月）

4.　萩原秀樹, 君塚亮一, 本間英夫："フィールドビア硫酸銅めっきからの析出銅結晶の特性評価", エレクトロニクス実装学会誌, Vol.9, No.2, pp.113–118, 2006, https://doi.org/10.5104/jiep.9.113

5.　IPC："Tensile Strength and Elongation, In-House Plating", IPC-TM-650, Test Method 2.4.18.1A, May2004

6.　JIS B0601,"製品の幾何特性仕様（GPS）– 表面性状：輪郭曲線方式－用語, 定義及び表面性状パラメータ",1952年制定,2013年改正

7.　ISO 4287：1997："Geometrical Product Specifications（GPS）– Surface texture：Profile method – Terms, definitions and surface texture parameters", Amendment 1：2009, Technical Corrigendum 1：1998, and Technical Corrigendum 2：2005

8.　JEDEC Standard "Solder Ball Pull", JESD22-B115A.01（Jul 2016）

9.　JEDEC Standard "Solder Ball Shear", JESD22-B117B（May 2014）

10. JIS C5012,"プリント配線板試験方法",1974年制定,1993年改正

11. JIS C5016, "フレキシブルプリント配線板試験方法", 1988年制定, 1994年改正

12. JIS K5600-5-6, "塗料一般試験方法－第5部：塗膜の機械的性質－第6節：付着性（クロスカット法)", 1999年制定

13. JIS K5600-5-7, "塗料一般試験方法－第5部：塗膜の機械的性質－第7節：付着性（プルオフ法)", 1999年制定

14. 水野文男, "亜鉛板による写真製版食刻について", 金属表面技術, Vol.17, No.1, pp.27–34, 1966, https://doi.org/10.4139/sfj1950.17.27

15. John A. Easley, Harry E. Swayze："Etching", 米国特許2,640,763号, 1953.06.02登録

16. Franz Laermer, Andrea Schilp："Method of anisotropically etching silicon", 米国特許5,501,893号, 1996.03.26登録

17. 山本拓也, 中野修, 平澤裕, 片岡卓："サブトラクト法における配線ピッチと銅層許容厚さの実験的考察", エレクトロニクス実装学会誌, Vol.3, No.3, pp.228–233, 2000年5月, https://doi.org/10.5104/jiep.3.228

銅箔の基礎知識

3.1 銅箔、銅層の種類

　エッチング技術を議論する前に、エッチングされる側の銅箔の特性を理解することが重要である。銅箔といえば単純に銅の薄い箔と思われがちであるが、銅箔にはいろいろな特性を有する多種多様の種類がある。

　大別すると、①圧延銅箔、②電解銅箔と③メタライズ2層FCCL（スパッタ法や無電解銅めっきで作成した銅層からなる積層フィルム）がある。

　圧延銅箔は銅のインゴットから圧延を繰り返して、箔（箔と一般にいわれるのはおよそ100μm以下の厚さをいう）の厚さまで薄くしたものである。

　電解銅箔は硫酸銅の溶液からチタンドラム上に銅を薄く電解析出させ剥離して巻き取ったものである。

　メタライズ2層FCCLは絶縁物などの基材の上に、蒸着、スパッタリング、無電解めっきなどで銅層を形成したもので、圧延箔や電解銅箔とは銅の特性が大きく異なっている。一般にはこの上に電気めっきで銅層の厚みを増して使用される。

　圧延銅箔に使用される材料は、タフピッチ銅、無酸素銅（OFC）、燐脱酸素銅、微量の多種類の金属元素を添加した合金銅があり、それぞれの用途に応じて最適の素材が使用される。

　電解銅箔は、一般的には105μmから極薄の1μm程度のものまで製造され、物性的にも、超高抗張力のものから、極めて柔軟性に優れた物性を有するものまで製造されている。電着という製造方式から、理論的には薄い物ほど面積あたりの生産性が高く、コスト的にも有利である。これはピンホールなどの品質

上の問題が解決されたためである。

　メタライズ2層FCCLの用途はそのまま回路形成に使用される場合の他、シード層の形成や、転写法による回路形成材料、糊がないので直接ポリイミドをエッチングできることから多方面の電子部品の形成［文献1、文献2］にも使用される。

3.1.1　圧延銅箔の特性

　圧延銅箔はポリイミドなどのフィルムとラミネートすると比較的低温で柔軟性が発揮されるので、FPC用の銅箔として用いられる。プリント配線以外の用途としてはリチウムイオン電池の電極材や電磁シールド材に用いられている。結晶組織が水平方向にそろっており、結晶の配向は(200)が圧倒的に多い。

　圧延前後の板（箔）の厚さの比を圧下率というが、その数字が大きいほどアニール後の箔の柔軟性が大きく、屈曲特性が良くなる傾向にある。現在、箔と呼ばれる100μmのものから、8μmまで圧延で製造されている。電解銅箔と異

表3.1　圧延銅箔の特性

種　類	純度(%)	引っ張り強さ (N/mm²)	導電率 (%IACS)	伸び率(%)	軟化開始温度	用途、特性
タフピッチ銅	99.9	400-450	101	2.0	100-140	プリント配線板 リチウム電池
無酸素銅	99.96	400-450	102	2.0	150-180	音響機器 回路板
合金銅	Cr、Sn、Zn、Ni、Zr など、残り銅	500-900	45-90	—	200-400	リードフレーム HDDサスペンション インターポーザー FPC

ラミネート用圧延銅箔

表面処理済み プリント配線板 用銅箔	R-max 0.6	(常態) 400 (アニール後) 220	ピール (kg/cm) 1.0-1.2	アニール後 (kg/cm) 15-18	耐折力 (常態)420 (アニール後) 1600-300	FPC COF

なり、合金化が容易なため、高強度（引っ張り強度）用にCr、Sn、Zn、Niなどの金属の一部が添加された箔の製造も可能である。この場合、導電率の低下は免れない。

　無酸素銅箔は純度が良く、結晶粒界に酸素などの不純物が少ないためコンデンサ効果が小さくて音質が良く、音響機器の配線等に使用される。

　圧延銅箔の特性を表3.1に示す。

3.1.2　電解銅箔の特性

　表3.2に電解銅箔の特性を示す。電解銅箔も製造条件によって、全く異なる種々の物性（機械的強度や伸び率、柔軟性）を有する銅箔を製造することが可能である。

　表中に代表例として三井金属の電解銅箔の種類と特性について説明する。

(1) 3EC-Ⅲ™箔

　現在最も普及しているグレードの箔で、マット面の表面処理に、①ノジュー

表3.2　電解銅箔の特性

種　類	厚み (μm)	引っ張り強さ (N/mm²)	粗度：Rz (μm)	伸び率 (%)	用途、特性
通常箔 3EC(Ⅲ)	12-105	(常)380	表　1.5 裏　5.0	8.0	一般の配線板、多層配線板
低プロファイル VLP	9-35	(常)490	表　1.5 裏　3.5	(常)5	ローブロファイル 微細配線、TAB、COF
高温時 高伸び箔 Super-HTE	12-35	(常)390 (熱)245	表　1.5 裏　2-5.0	(常)10.0 (熱)25	熱処理で超柔軟化、FPC、内層用
両面平滑 VSP	9-18	(常)350	表　1.5 裏　0.6-1.9	(常)15	プロファイルフリー 超微細配線、高速信号
極薄箔 Micro Thin	1.5-5		表　1.5 裏　2～3	(常)6-5	キャリア付き 微細配線、シード層作成

(常)常温25℃測定　(熱)熱間測定

ルの2段階処理による作成、②防錆めっき、③接着力増強処理を施した箔である。多層板、両面板など一般に普及しているプリント配線板に使用されている。

(2) VLP™（Very Low Profile）箔

　結晶サイズが小さく、したがって結晶成長面（マット面）の表面のプロファイルが小さい銅箔である。微細配線パターンの製造に適している［文献3］。

　VLPは再結晶温度が高く、簡単には柔らかくならない。つまり腰の強い銅箔であり、裏に支持層を持たない細線のフライングリードを必要とするTABやファインパターンの必要なCOF、FPC、多層板の最外層の配線に使用され

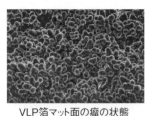
VLP箔マット面の瘤の状態

VLP箔樹脂面のレプリカ

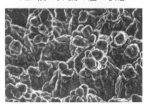
通常銅箔マット面の瘤の状態

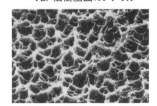
通常銅箔樹脂面のレプリカ

図3.1　VLP銅箔のマット面の形状

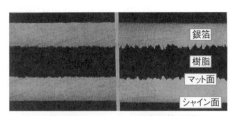
VLP箔の断面　　　通常銅箔の断面

図3.2　VLP箔の断面写真

ている。

　VLP箔と通常銅箔のマット面の状況を図3.1、図3.2に示した。一般箔では
プロファイルが大きく、かつ、その上に形成されている瘤の大きさも大きいの
で、底面の直線性が悪い。

　一方、VLPは結晶粒が小さくプロファイルも小さいので、綺麗な直線性を
得ることができる。

(3) Super-HTE™ (High Temperature Elongation) 箔

　アニール時に銅の結晶が互いに結合して大きくなりやすい結晶構造を有す
る銅箔である。高温処理で柔軟性が大きくなるのでFPCなどに使用される。
図3.3に示すように、圧延銅箔は銅の結晶組織が水平で、電解銅箔は垂直であ
るが、これが圧延と電解の箔の物性とエッチング特性に最も大きく影響してい
る。しかしHTE箔においては、温度を上げてアニールすれば結晶構造が大き
くなり、圧延銅箔と電解銅箔の差が見られなくなる。

　結晶が大きいと箔の柔軟性が大きくなる。電解銅箔の中でHTE箔は温度を
上げてアニールすると結晶組織が急激に大きくなる。その結果、電解銅箔でも
圧延箔と同等かそれ以上の柔軟性（Flexibility）を持ち、FPCや大きな伸び率

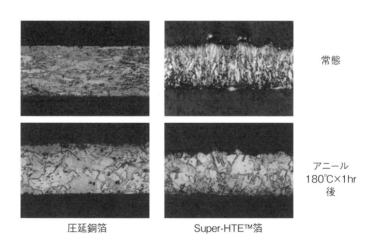

圧延銅箔　　　　　　　Super-HTE™箔

図3.3　圧延銅箔とSuper-HTE™電解銅箔の熱処理前後の銅箔断面組織

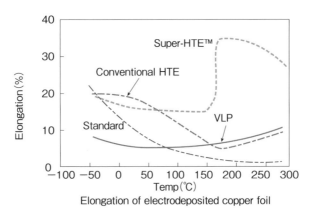

Elongation of electrodeposited copper foil

図3.4　電解銅箔の熱処理温度と伸び率の関係

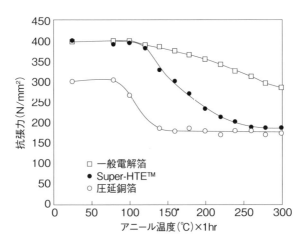

図3.5　電解銅箔の熱処理と引っ張り強度

が必要とされる内層用に使用される。同じ電解銅箔でも種類によって、アニール時の物性が変わる状況を図3.3と図3.4、図3.5に示した［文献3、文献4］。

(4) VSP™ (Very Smooth Profile) 箔

　HTE箔と同様の柔軟性を保有し、しかも両面が平滑な銅箔で、接着強度増強には微細な瘤を接着面に付けた銅箔である。プロファイル（銅箔表面の凹

114

VLP箔 　　　　　　　　　　　VSP™箔

図3.6　表面平滑電解銅箔（VLP、VSP）の断面組織

 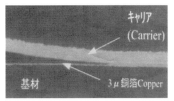

ピーラブル極薄銅箔（Micro Thin™）　　　Micro Thin™の断面写真

 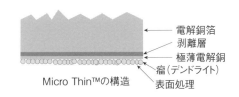

接着面の表面処理（瘤付け）　　　Micro Thin™の構造

三井金属銅箔資料

図3.7　Micro Thin™箔の構造

凸）が極めて小さく、表皮効果（3.3節（2）で説明）による電気信号の伝送ロスが小さいため［文献5］、高速信号伝送用として用いられる。VLP箔とVSP箔の断面組織を図3.6に示す。

　VSP箔はやや結晶粒が大きく、VLP箔は逆に非常に小さい。

　さらに詳しくは微細配線用銅箔の項で説明する。

(5) Micro Thin™箔

　キャリア付きの超薄電解銅箔である。1.5～5μmという極く薄い箔であるた

め、取り扱いやすいようにキャリアとして一般銅箔が付いており、接着される基板に貼り付けた後、キャリアを引き剥がして使用する。図3.7にその構造説明と平滑度、マット面の瘤付けの状況、断面写真を示す［文献6］。

Micro Thin™を使用すればエッチング前の銅層全体の厚みが薄くなり、微細回路を作成しやすくなる。またセミアディティブ法で回路を形成する場合、無電解銅めっきによるシード層作成の代わりに使用される。具体的な使用例については後述する。

3.2 銅箔の製造方法

3.2.1 圧延銅箔の製造工程

銅にはタフピッチ銅、無酸素銅、燐脱酸素銅、合金銅などのいろいろな性質の異なる銅が存在することは前節で説明した。

これらから圧延銅箔を作るには、最終的に要求される銅箔の特性とマッチングしたインゴットから出発する。まずインゴットを加熱して熱間圧延し、ある

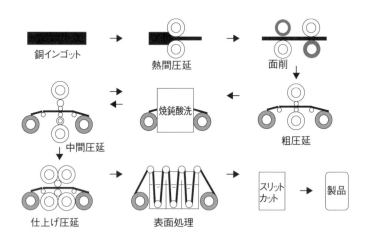

図3.8　圧延銅箔の製造工程

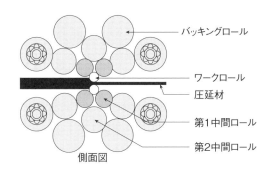

バッキングロール
ワークロール
圧延材
第1中間ロール
第2中間ロール

側面図

図3.9　ゼンジマー仕上圧延用20段ロールの構造

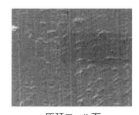

圧延ロール面

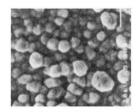

裏面瘤付け面

図3.10　圧延銅箔の裏面処理

程度の厚みのある銅板に粗加工する。この表面は酸化しているので、研削によって表面を綺麗にする。次に冷間圧延機を通して銅の板厚をさらに薄くする。もう一度熱処理炉で加熱アニーリングした後、さらに冷間圧延機を通して順次薄い銅板とし、この作業を数回繰り返して、所望の厚さの銅箔を得る。

　樹脂と積層してプリント配線にする場合、このままでは、両面が平滑で接着力が不足しているので、片面に特殊な銅めっきで瘤付けなど粗面化処理を行い、必要な防錆処理を施した後、スリット加工や裁断加工して所望のサイズにし、検査工程を経て出荷される。

　図3.8に圧延銅箔の製造工程の概略図、図3.9に圧延の中枢となる圧延機のロール配置の一例を示す。また片面に接着力向上処理を施した銅箔表面の状況を図3.10に示す。

3.2.2 電解銅箔の製造工程

電解銅箔の製造工程を図3.11に示す。

原料として、純度の高い電線屑（ナゲット）や銅のスクラップを使用する。溶解槽中で銅屑に空気を吹き込みながら硫酸に溶解して硫酸銅の溶液を作る。液の清浄後、銅濃度、酸濃度、添加剤濃度等を調整して電解液貯槽に貯留する。チタン製の回転ドラムを保有する電解槽にこの液を連続的に注入し、直流電解によりチタン上に銅を均一に電着させ、電析した銅をドラム上面で剥ぎ取って箔とする。これを析離箔という。銅箔の厚さは電流密度や槽中に滞留する時間（ドラムの回転速度）によって制御される。銅が析出して濃度が薄くなった電解液は銅を溶解するために繰り返し使用される。

析離箔はこのままでは樹脂と積層した場合、接着力や耐熱性、耐マイグレーション性などが劣っているため、表面処理によってこれらの特性を付与する。

前述のように電解直後の表面処理を施していない銅箔を析離箔といい、図3.12のようにマット面とシャイン面がある。析離箔のマット面とは電解で析出する銅結晶の成長する面であって、表面は山谷の凹凸ができている。一方、

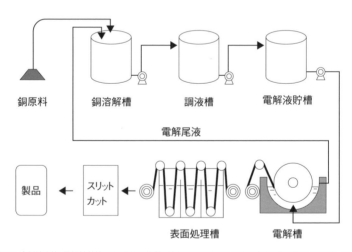

注）尾液とは、溶剤抽出法、電解精錬法などで目的の物質を抽出あるいは析出した後の残液を示す用語。ラフィネートとも呼ぶ。

図3.11　電解銅箔の製造工程

シャイン面と称しているのは研磨されたチタンドラム上に電析した面であって、光沢を有している。さらに微細に観察すると、チタンドラムに研磨傷があれば、それのレプリカを現した表面となる。

電解銅箔のマット面

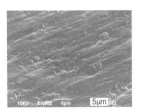
電解銅箔のシャイン面

図3.12　電解銅箔のマット面とシャイン面

(1)析離箔

(2)瘤付けめっき

(3)表面処理
　（Znめっき、クロメート処理、カップリング処理）

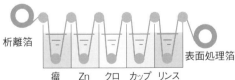

図3.13　銅箔のマット面の接着力向上のための表面処理

(a)析離箔   (b)髭付け処理後

(c)2段瘤付け処理後   (d)防錆強化処理後

図3.14　銅箔裏面の接着力向上の処理

　電解析離箔のマット面は山谷のある粗面ではあるが、樹脂と接着した場合、このままでは充分な接着強度が得られない。そこで、この上にさらに表面処理を施す。図3.13にその工程を示す。

　一般には析離箔のマット面に細くて均一なデンドライトやノジュール（髭状や瘤状の銅析出物）を電析させる。樹脂と接着した場合、これらの髭状や瘤状の銅析出物が樹脂中に食い込んでアンカー効果の役目を果たす。

　これら瘤や髭の拡大写真を図3.14に示す。

　この写真の中で（a）は電析した無処理のマット面の表面、（b）は髭状のデンドライトを電析させたもので、（c）は2段階の瘤処理をつけたものである。

　さらなる接着力の増強や耐熱性（熱時の防錆力）の増強、耐マイグレーション性の向上を目的に、この上に銅より樹脂との化学結合力の強い亜鉛（亜鉛と錫、ニッケルなどとの合金）めっきを施し、必要ならば、クロメート処理やシランカップリング剤などで化学結合力を付与する。図3.14の写真（d）は、このような目的で（c）の上にさらに厚く亜鉛（亜鉛合金）めっきを施したものである。

3.2.3　電解銅箔の特性要因

電解銅箔に要求される特性を大別すると、機械的な特性、物理特性、化学的特性と品質管理上必要な項目とに分類される。これらを特性要因図を使用して図3.15に総括した。

微細配線形成に必要な特性を図中に丸印で囲ってあるが、それぞれの用途によって要求される特性は異なるものの、配線密度が増加し、配線ピッチそのものが微細化してくると、昔は問題とされなかったような特性がにわかにクローズアップされる場合が多い。例えば、微細になるほど配線間が狭くなるため、耐エレクトロケミカルマイグレーション性が要求され、また微細になるほど接着面積が小さくなるため、箔自体に強い接着性が要求される。なお、エレクトロケミカルマイグレーションはイオンマイグレーションとも呼ぶ。

接着力を大別すると図3.16に示すように、機械的接着力（アンカー効果）と物理化学的接着力に大別される。物理的接着力としてはファンデルワールス

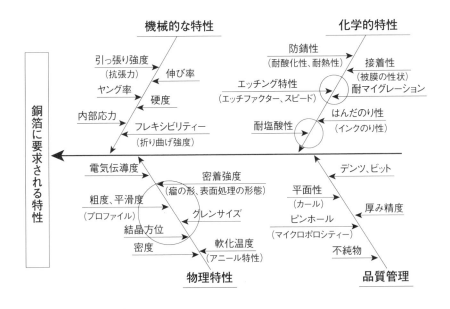

図3.15　電解銅箔に必要な特性（製造条件）

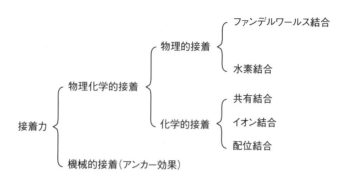

図3.16　接着力の構成と分類

力、水素結合など、化学接着力としては銅と基板表面の反応性官能基との結合力、例えば、共有結合、イオン結合、配位結合などを利用した接着力がある。

　接着される銅箔表面の粗度が大きいほどアンカー効果が大きく接着力が大きくなるが、高速伝送では、エッチング後の配線ラインの形や直線性、さらには高速伝送のために表皮効果の小さいものとして、逆にプロファイルが小さいものが必要となる。

　アンカー効果だけに頼らず、化学的結合を利用して樹脂との接着力を増加するため、めっきの種類、クロメート方法、カップリング剤効果などをうまく利用した表面処理が施されている。

　エレクトロケミカルマイグレーションも配線ピッチが小さくなってにわかにクローズアップされるようになった。

　エレクトロケミカルマイグレーションとは配線間に電位差が発生すると、一方の配線から他方の配線に金属または導電性の化合物が移動して短絡を引き起こす現象である。絶縁材料中のイオン性不純物や表面のイオン性官能基など水分と結合して電子を搬送する物質が多い場合に発生するが、電極となる金属の種類、状態によってもその発生の程度が異なる。

　銅は銀についでエレクトロケミカルマイグレーションを起こしやすい金属であるため、この現象を起こしにくい金属やその合金で銅箔をめっき処理する。

3.3　微細配線用、高速伝送配線用銅箔

　すでに電解銅箔の種類と特性については表3.2で概略説明をしたが、ここではさらに微細配線（超ファインピッチ）で使用される銅箔について詳しく説明する。

(1) SQ-VLP™箔

　SQ-VLP™箔は通常のVLP箔のシャイン面に表面処理（瘤付け）をして、この面を接着面としたものである。プリント配線板業界においてはRTF

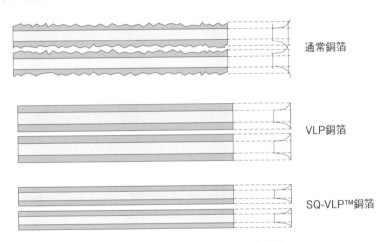

通常銅箔

VLP銅箔

SQ-VLP™銅箔

図3.17　VLP箔のボトムラインの直線性

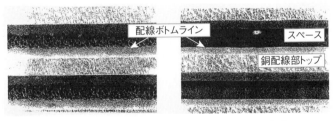

配線ボトムライン　　スペース　　銅配線部トップ

通常銅箔　　　　　　　　　　SQ-VLP™銅箔

図3.18　SQ-VLP™箔のボトムの写真

（Reverse Side Treatment Foil）と呼ばれている。通常のVLP箔よりもさらに直線性が優れ、より微細配線に適している。この状況を図3.17および図3.18に示す［文献7］。

一般に電解銅箔はチタンドラムに電着する場合、最初は陰極であるチタン面の結晶配向にそった状態で電着し、結晶粒も小さい。しかし電着が進んで厚み

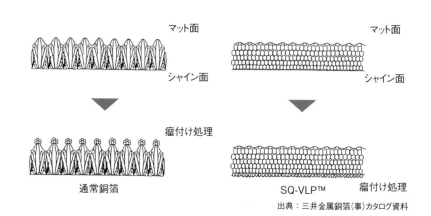

出典：三井金属銅箔(事)カタログ資料

図3.19　SQ-VLP™のコンセプト

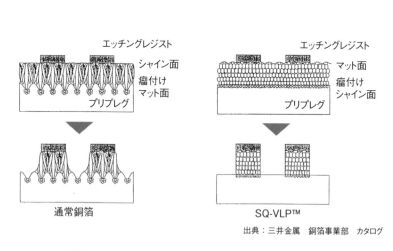

出典：三井金属　銅箔事業部　カタログ

図3.20　SQ-VLP™のエッチングパターンコンセプト

が増えると電解本来の結晶構造をとり、結晶粒も大きくなる。特に18μm以上の場合、その結晶粒も大きくなる（詳細は後述）。

VLP箔は最初から一般箔よりも結晶粒を小さくしたものであるが、その傾向は同じである。エッチングの際、銅はまず結晶粒界にそって溶解するので、結晶粒界の小さい方が綺麗にエッチングされる。結晶粒の小さいシャイン面に瘤を付けて、基板と貼り合わせると、エッチング終了時のボトムの直線性はさらに良好になる。このコンセプトを図3.19、図3.20に示す［文献7］。近年、微細配線用途向けには、12μm厚の使用率が高まっている。

(2) VSP™（Very Smooth Profile）箔

3.1.2項（4）で説明したが、電解銅箔でありながら、圧延箔と同等以上の表面平滑性があり、かつSuper-HTE™箔に劣らない柔軟性を有している。結晶粒は大きいがプロファイルフリーである。

この特性をアップルマンゴーの反射映像を写した図3.21に示す［文献5］。VSPのマット面は一般電解箔のシャイン面よりもはるかに平滑で光沢を有している。

柔軟性を利用したFPCの用途や非常に小さな瘤を有するため超高周波伝送回路や高速ICパッケージング回路として注目を浴びている。

信号の周波数が高くなればなるほど、電流は導体表面に集中する。この現象

従来電解銅箔（光沢面側）　　　　　　　　VSP™箔

出典：三井金属カタログ資料

図3.21　VSP™箔の表面平滑性

を表皮効果（Skin Effect）という。その電流の流れる深さ（Skin Depth）は、周波数が大きくなれば浅くなり、表面の粗さ（凹凸）が障害となって、伝送損

	MLS-G (RTF)	HS-VSP	HS1-VSP	HS2-VSP	SI-VSP
Base copper	3.2µm / 1.3µm (Drum side)	1.3µm (Drum side) / 0.5µm	1.3µm (Drum side) / 0.5µm	1.3µm (Drum side) / 0.5µm	1.3µm (Drum side) / 0.5µm
After treated copper	2.5µm	1.8µm	1.3µm	0.8µm	0.5µm

図3.22　三井金属保有の銅箔

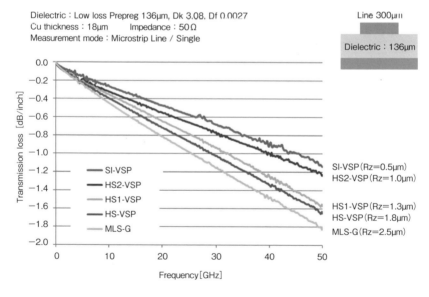

図3.23　三井金属保有の銅箔と伝送損失の関係

失となる。

　例えば銅では、周波数と表皮深さの関係は、0.1GHzでは6.6μm、1GHzでは
2.1μm、10GHzでは0.7μm、40GHzでは0.3μm、100GHzでは0.2μmである。

　VSP箔は表面が平滑であるため伝送損失が少ない回路の形成に適してい
る。しかしながら、絶縁基材の誘電正接（Df）に依存した伝送損失もあり、
Dfを下げると絶縁樹脂基材の極性基が少なくなり、ピール強度の確保が難し
くなってきている。したがって、伝送損失と必要ピール強度の関係を把握し
た上で適切な銅箔と絶縁樹脂基板を選択することが必要となってきている。
現時点で三井金属保有の銅箔を比較した場合の周波数と伝送損失の関係を図
3.22、図3.23に示す。

(3) Micro Thin™銅箔

　極薄銅箔には2種類ある。従来はアルミニウム箔などに銅を電着させて、
エッチングでアルミニウムを除去していたが（エッチャブル極薄銅箔）、現在
では、キャリア箔上に電流の導通が可能ではあるが、電着しためっき層を容易
に剥離できる表面処理を施したピーラブル極薄銅箔が普及している。

　均一の厚みが保障されており、銅箔を薄くするハーフエッチングが不要で、

セミアディティブにおけるシード層のエッチング

極薄銅箔シード層　　　　　　　無電解めっきシード層

図3.24　極薄銅箔シード層と無電解めっきシード層のアンダーカットの状況

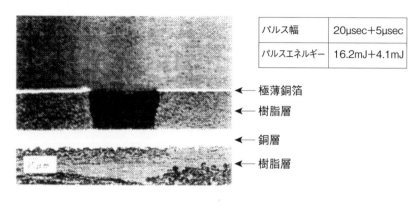

パルス幅	20μsec＋5μsec
パルスエネルギー	16.2mJ＋4.1mJ

← 極薄銅箔
← 樹脂層
← 銅層
← 樹脂層

図3.25　極薄銅箔のダイレクトレーザー穴あけ

その後のめっき層を含めても銅層を薄くできるため、微細回路形成に使用される。また銅表面に接着力を向上するため瘤が形成されて粗面化されているので、セミアディティブ法のような樹脂粗化工程は必要ない。

　セミアディティブ法ではクイックエッチ（フラッシュエッチとも呼ぶ）工程で不必要な導体間のシード層を除去する必要がある。

　Micro Thin™シード層はその上に形成されるパターンめっきでの銅層と同じ電解銅の結晶組織を持っているため、配線の細りやシード層のアンダーカットがなく、密着性が損なわれないのが特長である。かつパラジウム触媒残渣による絶縁抵抗の低下や、ニッケルや金めっき時の異常析出問題もない。

　図3.24に極薄銅箔シード層と無電解めっきシード層をクイックエッチした際のボトム部のアンダーカットの比較例を示す。

　また、銅層が薄いのでダイレクトレーザー穴あけが可能であり、レーザーのショット制御によって良好な形状の穴をあけることができる。一例を図3.25に示す［文献4］。

第3章　参考文献

1.　石井正人, 片岡龍男：8th European Hybrid Microelectronics Conference, pp.444-541，（1991.5.28-31）

2.　石井正人：フォトファブリケーション，Vol. No. 16, pp. 4-8（1992）

3.　F. Kuwako："A New Very Low Profile Electrodeposited Copper foil"，
PCWCP5 Proceeding, B8/1, UK, June 1990

4.　峯健浩，山本拓也："フレキシブルプリント配線板用特殊電解銅箔"，電子材
料，2007 年 10 月，pp.24-28（2007）

5.　Eric Bogatin："The Quest for Smoother Copper May Have Reached Its
Limit"，Signal Integrity Journal, 2020-02-25

6.　三井金属銅箔説明資料　Micro Thin 箔

7.　斎田宗男，他："表裏逆利用による高密度薄物基板対応電解銅箔"，回路
実 装 学 会 誌，Vol.10, No.3, pp.161-165（1995），https://doi.org/10.5104/
jiep1995.10.161

エッチングの金属学

4.1 銅の結晶構造

　銅（Cu）は面心立方格子（FCC）構造を持つ金属であるが、銅と同じ結晶構造を持つものにAg、Au、Ni、Al、Pb、など約30種類にものぼる多数の金属が知られている。図4.1はFCC格子の単位胞および主要な3つの格子面（111）、（110）、（100）における原子配列を示したものである。図4.2はFCC構造のX線解析で現れる反射面である。

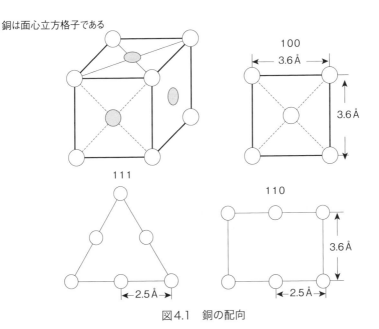

図4.1　銅の配向

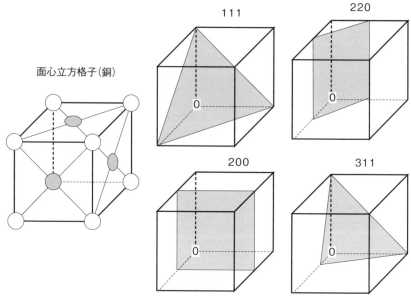

図4.2　金属の結晶格子の基本形

4.2　銅結晶の結晶粒径と結晶粒界

　図4.3（a）は通常の電解銅箔の析出面の断面の組織写真である。この写真の下部は電析開始面であって、電析開始直後は多数の微細結晶粒が現れているが、電析が進むにつれて、いくつかの結晶粒が選択されて柱状結晶に成長している。これらの柱状結晶は電析がさらに進むにつれて、その数が一層少なくなり、それと同時にそれぞれの結晶粒がますます粗大化したことを示している。

　図4.3（b）は熱処理によって簡単に結晶が大きくなるSuper-HTE™箔の熱処理後の結晶構造を示す。結晶構造が熱処理を施すことによって粗大化したことを示している。

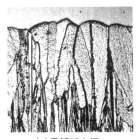

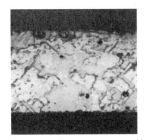

(a)電解析出銅　　　　　　　　(b)アニール後のSuper-HTE™箔

図4.3　銅の結晶粒界と結晶サイズ

図4.4　FIBによるSuper-HTE™箔の断面観察　　図4.5　FIBによるVLP箔の断面観察

　また図4.4（Super-HTE™箔）、図4.5（VLP箔）はFIB[*1]を用いた観察結果であって、銅箔の種類の違いによって結晶粒の大きさが異なることを示したものである。いずれの箔も電解で製造されているので、電析の進行に伴い、箔種の違いにかかわらず、共通して選択された結晶粒が柱状に成長し、次第に粗大化している様子が観察される。

＊1　FIB（Focused Ion Beam: 集束イオンビーム）は細く集束したイオンビームを試料に照射し、加工や観察を行う方法。半導体産業や材料科学の分野でよく用いられる。

4.3 電解銅箔のシャイン面とマット面の結晶構造の違い

　電解銅箔のシャイン面（表：光沢のある面）は電析が始まる側（チタン電極に接する側）の箔面である。結晶粒の大きさは微細で、その数の非常に多いのが特徴である。一方、マット面（裏：凹凸のある面）は電解液に直接接していた側（結晶が成長していく側）であり、結晶粒が粗大化しているのが特徴である。

　図4.6はシャイン面とマット面における結晶粒の方位配向についての分布をX線回折法により調査したものである。つまり特定の電解条件で電析の進行に伴って結晶粒の方位配向が如何に変化してゆくかを示したものである。

　左が電着開始のシャイン面と電着が進んで最後は35μmの銅箔となったときのマット面の両方向からX線分析を行った結果である。

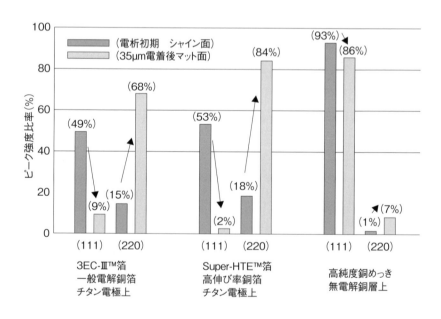

図4.6　銅箔の表（シャイン）裏（マット）面の結晶構造の違い

　X線による各配向のピークを単純に合計して、それを100とした場合の各配向の割合を計算すると、3EC-Ⅲ箔はチタン電極上に電着したシャイン面において (111) 配向が約49%で、(220) 配向は約15%であったものが、マット面では (111) 配向が9%に下がり、(220) 配向は68%にまで増加している。

　Super-HTE™箔はさらに顕著で、マット面では (220) 配向が84%にまで増加している。

　参考までに (111) 面が95%以上の無電解銅めっき層の上に同じく銅を電着してゆくと、35μmのめっき後でも86%以上が (111) 面を保持している。

　このことは、最初の銅は下地の配向にそって電着することを示している。電解銅箔上にスルーホールめっきなどの目的で無電解銅めっきをした後、電気めっきすると、無電解銅めっき層は (111) 面が圧倒的に多いため、(111) 面の多い電気銅めっき層になることがわかる。これがエッチファクターやパターンの断面形状に大きく影響する。その原理は4.5節で詳しく説明する。

4.4　銅箔の種類と結晶方位

　結晶粒の配向分布は銅箔の種類によっても大きく異なる。それぞれの銅箔をマット面からX線解析し、ピークの合計を100とした場合の代表的な配向を図4.7に示す。

　一般の電解銅箔は (220) 面が80%、Super-HTE™箔では90%であり、電解銅箔は概ね (220) 面配向と考えてよい。

　一方、圧延銅箔は (200) 面配向が60%、(220) 面配向が30%である。これらの配向面は圧延加工によってもたらされたものと考えられ、結晶成長に関連した配向とは区別して考えねばならない。

　スパッタリングによる銅層や無電解めっきによる銅層は100%近く (111) 配向をしている。

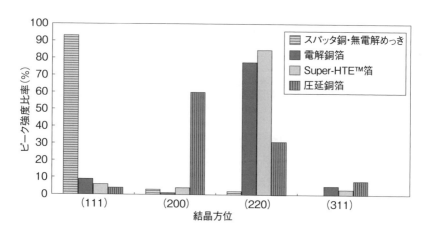

図4.7　銅箔の種類と結晶方位

　(100)、(220)、(111)方位の3個の単結晶を用意し、それぞれを硫酸－過酸化水素系のエッチング液で30秒浸漬エッチングし、そのエッチング深さを測定した［文献1］。その結果を表4.1に示す。またこれらの面における原子配列から原子数についての面密度と単位面積あたりの平均原子数を割り出した。

　原子面密度が大きい結晶面で覆われた表面ほどエッチングされにくいことを示している。原子面密度と深さ方向のエッチング速度の関係は単純ではないが、反比例の関係にあることは明白である。

　このことは前節で述べたように、銅箔の種類や銅層（例えば無電解銅めっきのシード層）はそれぞれ異なる結晶面配向をしているので、種類によって深さ方向（結晶面に垂直方向）のエッチング速度が大きく異なることを意味する。無電解銅めっき層は(111)面配向をしているので、深さ方向のエッチング速度は遅いが、その結晶面に垂直な(211)面は(111)面より原子面密度の小さい面であるため、エッチングされやすい。つまりサイドエッチされやすい。

表4.1 銅の配向とエッチング性

Face	Distance(μm)	密度(原子/nm²)
(110)	19.9	11
(100)	9.0	15
(111)	2.4	23

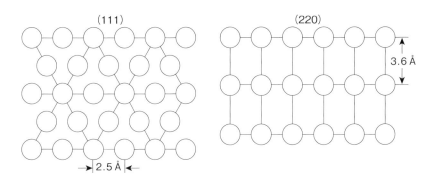

図4.8 結晶方位と銅原子の配列

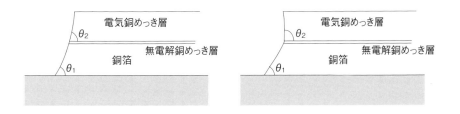

(1)ショルダーアングルθが連続している場合 　　(2)ショルダーアングルθが不連続な場合

図4.9 ショルダーアングル

　また電解銅箔は(220)面が多いので、深さ方向はエッチングされやすいが、水平方向はエッチングされにくく、サイドエッチが起こりにくい(図4.8参照)。
　スルーホールと銅箔の上に無電解銅めっきを施し、さらに電気銅めっきを施

したものをエッチングすると、エッチングされた回路の断面は一般には2層構造になっている。ショルダー角度が連続している場合もあるが、明確に2段に分かれている場合が多い（図4.9参照）。これは次工程である電気銅めっきの際に、無電解銅めっき層の構造を継承して銅が電着するためで、(111)面が多く、銅箔層の(220)面よりは横方向のエッチング速度が大きく、ショルダー角（つまりエッチファクター）が大きくなっているためである。

4.6　結晶粒界と結晶粒内のエッチング特性

　電解銅箔表面の粗化は結晶粒界と結晶粒内のエッチング速度の差を利用したものである。従来の塩化銅系や塩化鉄系のエッチング液のようにエッチング能力が強すぎると差を出すことができないが、適度のソフトエッチング液では、結晶方位の違いや結晶粒界によってエッチング速度が異なり、ある結晶配向面だけをエッチングしたり、結晶粒界だけを選択的にエッチングすることができる。

　これを利用したのが、現在使用されている表面粗化剤である。液の種類とエッチング条件によって、結晶粒界と結晶粒内（バルク）[*2]の溶解速度が異なるので、それぞれの目的に沿った粗化剤が開発されている。

　結晶粒界は結晶歪や不純物、添加剤の偏析場所として、活性化エネルギーの最も高い場所である。このため他の金属が拡散したり、逆に溶解したりする速度が大きい箇所である。しかし結晶粒界はどれも均一で同じではない。非常にエッチングされやすい粒界とそうでない粒界が存在する。

　硫酸−過酸化水素系や有機酸系のエッチング剤で銅表面を粗化したものは前章で銅表面粗化剤として紹介したが、図4.10に表面から見た状況を示す。

　電解銅箔や銅めっき層などの多結晶の粒界と結晶粒内（結晶内部）の活性化エネルギーや拡散速度または反応速度などを直接測定した文献が見つからない

[*2]　バルク（bulk）とは、界面に接していない部分、すなわちその物体の内側あるいは奥側の部分を指す。

硫酸と過酸化水素溶液による表面エッチング

図4.10　結晶粒界とバルクのエッチングスピード差を利用した粗化

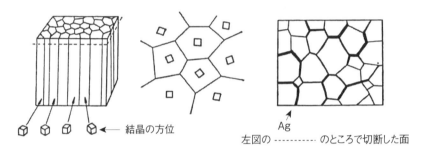

出典：幸田成康著『改訂金属物理学序論』［文献2］p.139

図4.11　銅中へのAgの拡散（結晶粒界とバルクの拡散性）

ので、一例として幸田成康氏の著書「改訂金属物理学序論」［文献2］に出ている例を挙げる。

　Smoluchowskiは銅に銀を拡散させた試料を切断し、切り口における銀濃度の分布状況を観察した。その結果、結晶粒界における銀濃度は結晶粒内に比べて圧倒的に高いことを見出した。図4.11にその様子を示す［文献2］。

　またタングステン（W）中へのトリウム（Th）の拡散速度を測定し、粒界の拡散係数を算定した［文献2］。拡散速度は拡散係数の平方根で効いてくるので、粒界における拡散速度は粒内の拡散速度の10倍から30倍もあることを証明している（図4.12参照）。

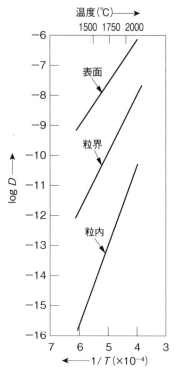

出典：幸田成康著『改訂金属物理学序論』［文献2］p.137

図4.12　W中のThの拡散

　電解銅箔や銅めっき層では結晶粒の方位配向と結晶粒界の方向が銅箔表面に対してほぼ垂直であるのに対し、圧延箔では、結晶粒が箔表面に平行に長く伸びた組織になっているため、傾斜した浅い窪みとなって、結晶粒界と結晶粒内のエッチング速度の差を利用した粗化がうまくできない（図4.13、図4.14参照）。

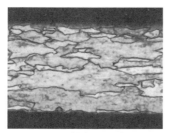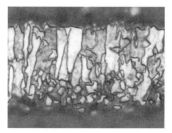

圧延銅箔(横方向) 電解銅箔(縦方向)

図4.13 圧延銅箔と電解銅箔の結晶の向き

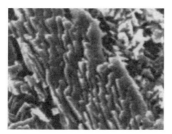

圧延銅箔の粗面化エッチング 電解銅箔の粗面化エッチング

図4.14 圧延銅箔と電解銅箔のエッチング状態

第4章 参考文献

1. K. Kondo, H. Kurihara, H. Murakami:"Morphology Evolution of Single Crystal Copper by Etching", 208th Electrochemical Society Meeting, Los Angeles, California, October 16-21, 2005
2. 幸田成康:"改訂 金属物理学序論−構造欠陥を主にした−", 標準金属工学講座9, コロナ社, 1973

第**5**章

エッチング液各論

5.1 エッチング液の基本

　プリント配線板の回路パターン形成に用いられる銅のエッチング液の主なものは、塩化鉄、塩化銅、アルカリエッチングなどである。このうち、アルカリエッチング液と塩化銅液の2種のエッチング液に共通した特徴は、「銅で銅を溶かす」という点である。2価の銅でゼロ価の銅（金属銅）を溶解し1価の銅となる、次のような反応である。

$$Cu（金属）+ Cu^{2+} \rightarrow 2Cu^{+}$$

　生成した1価の銅は、酸化剤を添加して、

$$Cu^{+} +（酸化剤）\rightarrow Cu^{2+}$$

という反応で、もとの2価の銅に戻す。これがエッチング液の再生（regeneration）である。なおここでは簡略化してCu^{2+}と表記したが、実際には銅イオンは塩素によるクロロ錯体（塩化銅エッチング液の場合）あるいはアンモニアによるアンミン錯体（アルカリエッチング液の場合）を形成して溶解している。詳細は5.2節の各論で述べる。

　再生はあくまでもエッチング液の銅溶解能力（酸化能力）を元に戻すだけであるから、銅を溶解した分だけ銅濃度が上昇する。これを補正するために、水や補充液で希釈して銅濃度を管理範囲内に保つ。したがって、エッチング液は希釈されて量が増え、不要なエッチング廃液（余剰液）が系外に排出される。

　ここで、廃液という用語が用いられているが、これは誤解を呼びがちな用語である。再生利用をする場合の廃液は、単に分量が増えた部分を排出した余剰液であるから、正常に使用できるエッチング液そのものであり、使えなくなっ

た液ではない。

このようなエッチング廃液から銅を回収して別の用途に使うのが銅のリサイクル（回収）である。再生と回収に関しては5.3節で説明する。

5.2 代表的なエッチング液

この節では、回路パターン形成のためのエッチング液（ファイナルエッチング液）の代表例として、塩化銅エッチング液、塩化鉄エッチング液、アルカリエッチング液の3種を取り上げる。さらにマイクロエッチング液および微細パターン専用のエッチング液も解説する。

なお、ファイナルエッチング液（回路パターン形成用エッチング液）としては、硫酸-過酸化水素系の液もあり、また過硫酸塩系のエッチング液も使われていたことがある。現在、これらのエッチング液は、マイクロエッチング液あるいは薄銅化用エッチング液（銅厚低減処理用のエッチダウン液）としては普及しているが、ファイナルエッチング液としてはあまり一般的ではない。

3種のエッチング液の比較表を表5.1に示す。

5.2.1 塩化銅エッチング液
(1) 概　要

塩化第二銅エッチング液は塩化第二銅$CuCl_2$を塩酸中に溶解したものである。単純に銅の1価のイオンはCu^+、2価のイオンがCu^{2+}と考えると、塩化第二銅エッチングでの銅の溶解反応は次のようになる。

$$Cu（金属）+ Cu^{2+} \rightarrow 2Cu^+$$

すなわちゼロ価の銅（金属）と2価の銅イオンから1価の銅イオン2個が生成される反応である。これをアノード反応（酸化反応：金属が電子を放出して陽イオンとして溶け出す反応）とカソード反応（還元反応：酸化剤が電子を受け取って還元される反応）とに分けて記述すると：

$$アノード反応：Cu \rightarrow Cu^+ + e^-$$

表5.1　各種エッチング液の特性比較

		塩化第二銅	塩化第二鉄	アルカリエッチング
用　途		プリント配線板 TAB／COF	プリント配線板 鉄系リードフレーム 銅系リードフレーム シャドーマスク	プリント配線板
レジストへの対応	有機レジスト	○	○	○
	アルカリ現像	○	○	×
	電着レジスト	○	○	○
	メタルレジスト	×	×	○
エッチング速度		20 μm／分 0.35 μm／秒	40〜20 μm／分 0.70〜0.35 μm／秒	35〜50 μm／分 0.6〜0.85 μm／秒
エッチファクター		1.8〜2.0〜2.5 6.45（エッチ代あり）	2.5〜3.5（初期）	2.0〜2.8 4.0（エッチ代あり）注）
足のこり		△	○	△
パターン密度のばらつき		○	△	△
作業環境		塩酸ガス	鉄の酸化物で、 設備まわりが汚くなる。 塩酸ガス	アンモニアガス
廃液回収		液の再生 銅の回収容易。	銅60g/Lで液の更新。 銅の回収は困難。	液の再生 銅の回収容易。

注）「エッチ代あり」は、エッチングレジストを最終導体寸法よりも大きく設け、意図的にオーバーエッチして導体形成する場合。

$$\text{カソード反応：} Cu^{2+} + e^- \rightarrow Cu^+$$

となる。

　この説明では単純に2価の銅イオンをCu^{+2}、1価をCu^+と記述したが、現実はもう少し複雑である。銅イオンが塩素イオンとクロロ錯体を作って溶けているからである。エッチング液で使う範囲の塩素濃度では、2価の銅イオンはCu^{2+}以外に$CuCl^+$、$CuCl_2$、$CuCl_3^-$、$CuCl_4^{2-}$の形で溶けている[*1]。また1価の銅イオンは$CuCl_3^{2-}$の形で溶けている。さらに銅の表面には不溶性の$CuCl$が沈殿して表面皮膜を形成している。

　2価の銅の錯体の比率は総塩素イオン濃度によって、図5.1のように変わる。（Georgiadouらの計算［文献1］による）一般的なエッチング液の総塩素

＊1　塩化第二銅の水溶液（塩酸無し）は青緑色であるが、塩酸を加えてゆくと深緑色に変化する。これはクロロ錯体の色である。

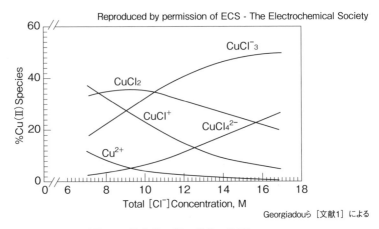

Georgiadouら［文献1］による

図5.1　塩化第二銅の錯体の比率

イオン濃度は7〜8M程度（この図の左端あたり）であるから、$Cu^{2+} \sim CuCl_3^{-}$ の濃度を考慮する必要がある。

　したがってアノード反応（銅が溶解する反応）とカソード反応（酸化剤が還元する反応）は、

アノード反応：$Cu + 3Cl^{-} \rightarrow CuCl_3^{2-} + e^{-}$

カソード反応：$Cu^{+2} + 3Cl^{-} + e^{-} \rightarrow CuCl_3^{2-}$

　　　　　　　$CuCl^{+} + 2Cl^{-} + e^{-} \rightarrow CuCl_3^{2-}$

　　　　　　　$CuCl_2 + Cl^{-} + e^{-} \rightarrow CuCl_3^{2-}$

　　　　　　　$CuCl_3^{-} + e^{-} \rightarrow CuCl_3^{2-}$

となる。反応のモデル（これも、Georgiadouら［文献1］による）を図5.2に示した。

　このように、銅の溶解反応にはCl^{-}を供給する塩酸（HCl）が必須である。HCl濃度を上げることによって、エッチング速度は増加する。ただし、HCl濃度が高くなるとサイドエッチが増え、エッチファクターが悪化する。サイドエッチ防止剤（バンキングエージェント）[*2]として働いている CuCl 皮膜の溶解

＊2　バンキングエージェントに関しては2.7.3項（p.101）を参照。

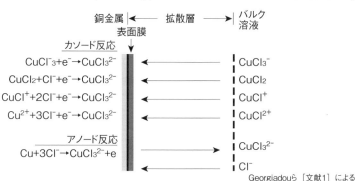

Georgiadouら［文献1］による

図5.2　塩化第二銅エッチングのモデル

度が上がるためであると推定できる。

　塩化第二銅に関しては、エッチング速度が最大になる最適濃度があり、濃度が高すぎても速度は低くなることが、古くから知られていた。図5.3は1960年発行の米国特許［文献2］からとったものである。なおこの図の縦軸は一定の厚さの銅を溶解するに要するエッチング時間であり、エッチング速度の逆数になっている。したがって、図中の曲線の最小値が、エッチング速度最大の条件になる。この図からもHClが添加されると、速度が上昇する（図では下方にシフトする）こと、およびエッチング速度最大になる塩化第二銅濃度が低くなる（図では左方にシフトする）ことがわかる。

　図5.4は同じ特許文献［文献2］からの引用図である。この図からは塩酸（HCl）だけではなく、塩化ナトリウム（NaCl）の添加でも同じように速度が上昇することがわかる。実際にNaClあるいはKClの添加によって反応に必要な塩素イオンを供給する液組成も一部で使用されているが、管理の煩雑さ、結晶析出危険性の増加などのため、それほど普及はしていない。塩化ナトリウムの結晶が液と一緒に噴射されることによるノズルの損傷について、エッチング装置メーカーも警告を出している［文献3］。

(2) エッチング液の基礎データ

　以下に電気化学システムズの資料［文献4］をもとに基礎的なデータを述べる。

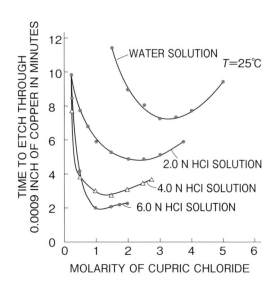

図5.3　塩化第二銅エッチング液の特性［文献2］

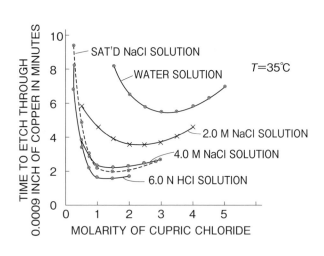

図5.4　塩化第二銅エッチング液の特性［文献2］

　塩化第二銅エッチング液の比重データを図5.5に示す。塩酸濃度の比重への影響もかなり大きいことに注意すること。したがって、比重から銅濃度を一義的に決定することはできない。図5.5は初期のデータであるが、エッチングをしてゆくに従い、銅濃度が増加するから比重も当然増加してくる。その様子を

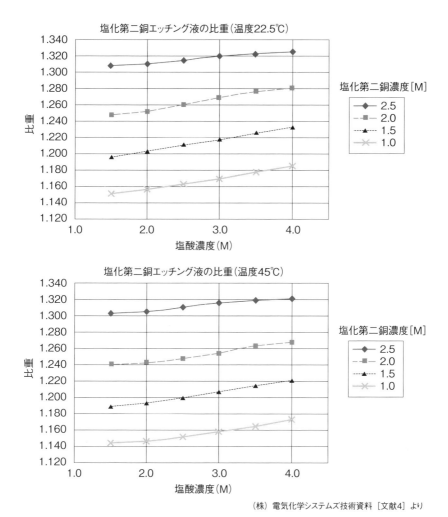

（株）電気化学システムズ技術資料［文献4］より

図5.5　塩化第二銅エッチング液の比重

図5.6に示す。ただしこれは再生を行わない場合である。

第二銅濃度と塩酸濃度がエッチング速度に与える影響を図5.7に示す。このデータからは次のようなことがわかる。

(1) 塩酸濃度が高いほど、エッチング速度は速い。

(2) 第二銅濃度が高いほど、エッチング速度への塩酸濃度の影響は小さい。

(3) 塩酸濃度が低い（例えば1.5M）場合は第二銅濃度が高いとエッチング速度は上がり、反対に塩酸濃度が高い（例えば4M）場合は第二銅濃度が高いとエッチング速度は下がる。この中間（およそ3M）では、第二銅濃度が変わってもエッチング速度は変わらない。

温度のエッチング速度への影響を図5.8に示す。温度が高いほどエッチング速度は高いが、装置の耐熱性とのかねあいを考える必要がある。また温度が高い場合は、蒸発による塩酸の減少が顕著になる。

再生なしで塩化第二銅エッチング液を使用した場合、第二銅濃度が減少し、第一銅濃度が増加する。それに従ってエッチング速度も減少する。その様子を現したのが図5.9である。なお、通常は連続再生を行い、第一銅と第二銅の濃

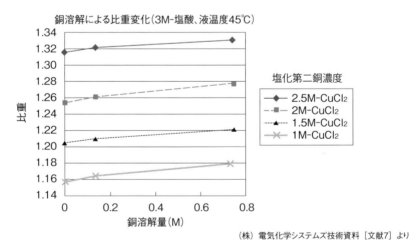

（株）電気化学システムズ技術資料［文献7］より

図5.6　塩化第二銅エッチング液の比重と銅溶解量

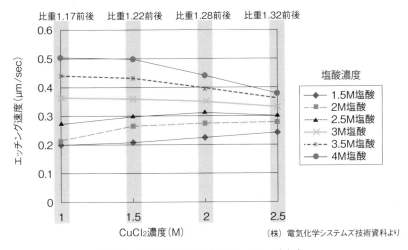

図5.7　塩化第二銅濃度とエッチング速度

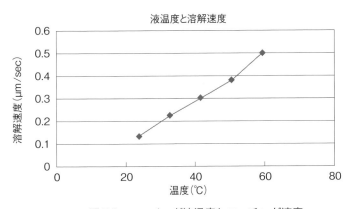

図5.8　エッチング液温度とエッチング速度

度を一定に保ち、エッチング速度も一定に管理する（再生に関しては5.3.1項を参照）。

　第一銅と第二銅の比率は酸化還元電位（ORP）によって制御することが一般的であった。酸化還元電位とは、

$$\text{ox} + ne^- \rightleftarrows \text{red}$$

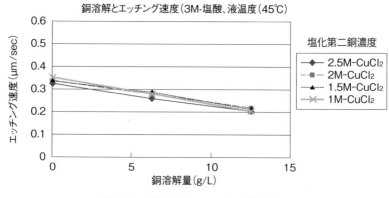

図5.9　銅溶解量とエッチング速度

の平衡反応が成り立つときに、ネルンストの式、

$$E = E_0 + \frac{RT}{nF}\ln\frac{[\mathrm{ox}]}{[\mathrm{red}]}$$

で表される電位である。ここでE_0は標準電極電位、Rは気体定数、Tは温度（K）、[ox]と[red]は酸化側と還元側の活量である。測定は不活性な電極を液中に付けて、比較電極との電位差を計測する。

　塩化銅エッチングの場合は、平衡反応を、

$$\mathrm{Cu^{2+} + e^- \rightleftharpoons Cu^+}$$

として第一銅と第二銅の比が電位から読み取れるはずであるが、上で述べたように銅は各種のクロロ錯体を生成しており、このような単純化した酸化還元反応では表せない。そのため、ORPだけでは第一銅の濃度を精密に決定することが困難である。これを補うために、ポテンショスタット（コラム参照）などの電気化学的測定方法が近年採用されている。管理装置に関しては6.5.2項で述べる。

　ORPとエッチング速度の関係を図5.10に示す。

　塩化銅エッチング液の標準的な浴組成を表5.2に示す。

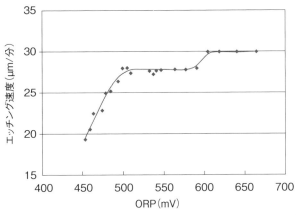

出典：Chemcut社技術資料をもとにメートル法単位で再作成

図5.10 酸化還元電位（ORP）とエッチング速度

表5.2 塩化銅エッチング液の組成

項　目	標準値
塩　酸	2.8〜3.0 mol/L
塩化第二銅	2.0〜2.2 mol/L
比　重	1.260〜1.280
塩化第一銅	0.5〜10 g/L
過酸化水素	液中に存在させない
液　温	45〜50℃

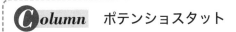 **olumn** ポテンショスタット

　図5.11のような2つの電極からなる系では、電極間の電圧を測定した場合、その電圧はアノードで起こる反応（酸化反応）の電位と、カソードで起こる反応（還元反応）の電位、および溶液の抵抗を電流が流れるときに生じる電位差（IRドロップ）の合計となる。この系では、ある電流が流れた時のアノード、あるいはカソードで起こる電極反応の電位を単独で測定することはできない。

そこで図5.12のような3つの電極からなる系（三電極系）では、電位は作用電極（動作電極ともいう）と基準電極（参照電極、あるいは照合電極ともいう）の間で測定し、電流は作用電極と補助電極（対極とも呼ぶ）の間を流れる。基準電極には電流が流れないようにする。このような形にすれば、作用電極の電流と電位の関係を測定することができる。

　三電極系で電位を制御して測定を行う測定装置がポテンショスタットである。所定の電位に合わせ、その時の電流を測定する装置である。ポテン

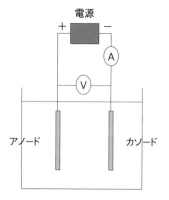

図5.11　二電極系測定装置

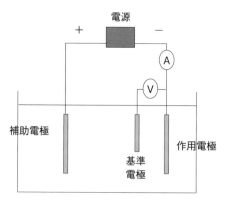

図5.12　三電極系測定装置

ショスタットとは逆に、電流を制御して、その時の電位を測定する装置を
ガルバノスタットと呼ぶ。

(3) エッチング液の分析方法

　塩化第二銅エッチング液の分析法は表5.3のとおりである。自動分析や自動
管理装置を使う場合でも、定期的に手動分析も行い、装置の精度チェック、補
充量の補正などを行うことが重要である。

5.2.2　塩化鉄エッチング液
(1) 概　要

　このエッチング液は、塩化第二鉄（$FeCl_3$）を重量パーセントで28〜42%含
む水溶液である。水酸化鉄（$Fe(OH)_3$）の沈殿を防止するため、3%未満の塩
酸（HCl）が添加されている。その他、市販エッチング液のメーカーによって
は様々な添加剤（濡れ剤および消泡剤など）が加えられている。プリント配線
板の銅のエッチングのほか、リードフレームやシャドーマスクなどの銅以外の
金属（鉄、ステンレス鋼、ニッケル-鉄合金など）のエッチングにも用いられ
ている液である[3]。各種の濃度の液が市販されており、表5.4にプリント配線
板で用いられている例を示す。

表5.4　塩化鉄エッチング液の組成

項　目	標準値
ボーメ	40°Bé
比　重	1.385（20℃）
塩化第二鉄 $FeCl_3$	520g/L（37重量%）
塩酸 HCl	1.0〜2.0%

---

[3]　リードフレームのエッチングに関しては第7章を参照。

表5.3　エッチング液の分析方法

（1）塩化銅エッチング液の分析法

塩酸（HCl） 濃度[1]	原理	中和滴定	
	手順	試料5mL＋メチルオレンジ指示薬数滴＋1mol/L水酸化ナトリウム溶液で滴定。およそ10mL滴定が進んだところで、メチルオレンジ指示薬をさらに数滴追加。終点は僅かに濁った緑黄色。	
	計算	$A = \dfrac{V \times f}{5}$	A：濃度（HCl）（mol/L） V：1 mol/L 水酸化ナトリウム溶液の滴定量（mL） f：1 mol/L 水酸化ナトリウム溶液のファクター
塩酸（HCl） 濃度[2]	原理	中和滴定	
	手順	試料10mL＋水40mL→このとき液が濁るようならば、塩酸濃度は0.005mol/L以下である→液が透明な場合は0.1mol/L水酸化ナトリウム溶液で滴定。終点は濁りが発生した点。	
	計算	$A = \dfrac{V \times f}{100}$	A：濃度（HCl）（mol/L） V：0.1 mol/L 水酸化ナトリウム溶液の滴定量（mL） f：0.1 mol/L 水酸化ナトリウム溶液のファクター
第一銅 濃度[1]	原理	酸化還元滴定	
	手順	試料5mL→0.1 mol/L（N/2）過マンガン酸カリウム溶液で滴定。終点は赤色が消滅しなくなる点。	
	計算	$A = V \times f \times 0.1$ $B = A \times 63.5$	A：第一銅濃度（mol/L） B：第一銅濃度（g/L） V：0.1 mol/L 過マンガン酸カリウム溶液の滴定量（mL） f：0.1 mol/L 過マンガン酸カリウム溶液のファクター
第二銅 濃度	原理	ヨウ素滴定（酸化還元滴定）	
	手順	試料1mL＋水50mL＋28％アンモニア水1〜3mL→濃青色に発色を確認＋酢酸1〜3mL→透明な淡青色に変わることを確認＋ヨウ化カリウム4〜5g→0.1 mol/Lチオ硫酸ナトリウム溶液で滴定。終点は溶液が無色透明に戻る点。	
	計算	$A = V \times f \times 0.1$ $B = A \times 63.5$	A：第二銅濃度（mol/L） B：第二銅濃度（g/L） V：0.1 mol/L チオ硫酸ナトリウム溶液の滴定量（mL） f：0.1 mol/L チオ硫酸ナトリウム溶液のファクター
塩素酸 ナトリウム 濃度[3]	原理	塩素酸を過剰の硫酸鉄（Ⅱ）で還元し、残部の硫酸鉄（Ⅱ）をクロム酸で逆滴定（酸化還元滴定）。	
	手順	水50mL＋試料10mL＋リン酸・硫酸混液（75％リン酸50％（容量）、硫酸25％（容量）、水25％（容量））25mL＋0.2N硫酸第一鉄溶液25mL→沸騰近くまで加熱して3分間保つ→放冷＋BDAS指示薬10〜15滴→2N ニクロム酸カリウム溶液で滴定。終点は緑色から紫色に変化（滴定量a mL）。 空試験：水50mL＋0.2N硫酸第一鉄溶液25mL＋リン酸・硫酸混液25mL＋BDAS指示薬10〜15滴→2N ニクロム酸カリウム溶液で滴定。終点は緑色から紫色に変化（滴定量b mL）。	
	計算	$A = (b - a) \times 0.2 \times \dfrac{1}{6}$ $B = A \times 106.45$	A：塩素酸ナトリウム濃度（mol/L） B：塩素酸ナトリウム濃度（g/L） a：2N ニクロム酸カリウム溶液滴定量（mL） b：2N ニクロム酸カリウム溶液滴定量（mL）（空試験）

1）電気化学システムズ技術資料より　2）Oxford VUE Inc. 技術資料より　3）Circuit Research Corp技術資料より

(2) 塩化鉄エッチング液の分析法

塩酸(HCl)濃度[1]	原理	銅と鉄をマスクするために、シュウ酸とシュウ酸カリウムの混合液(pH既知)中に試料を混合して中和滴定。終点は初期のpHに戻る点。
	手順	25%シュウ酸カリウム一水和物溶液50mL→0.05mol/Lシュウ酸溶液を1滴ずつ加え、pHを約6.2に調整する→約30秒間攪拌し、pHを精密に測定する→試料3mLを加える→2分間攪拌→0.1mol/L水酸化ナトリウム溶液で滴定(終点は先に測ったpHまで)。
	計算	$A = \dfrac{V \times f}{30}$ $B = A \times 36.5$ A：濃度(HCl)(mol/L) B：濃度(HCl)(g/L) V：0.1mol/L 水酸化ナトリウム溶液の滴定量(mL) f：0.1mol/L 水酸化ナトリウム溶液のファクター
塩酸濃度[2]	原理	鉄イオンを塩化リチウムで錯体を形成させ、MIBKで抽出する。水相に残るHClを中和滴定する。
	手順	試料5mL+610g/L塩化リチウム溶液(100g/Lリチウム溶液に相当する)10mL→分液漏斗に入れよく振盪→10分間静置+メチルイソブチルケトン(MIBK)15mL→よく振盪→10分間静置→下層液(水相)を分離保存→漏斗を水と塩化リチウム溶液で洗い、保存液を戻し入れる+MIBK 15mL→よく振盪→分離まで静置→下層液(水相)+水+メチルオレンジ指示液→0.1mol/L水酸化ナトリウム溶液で滴定(終点は赤色からオレンジへの変色)
	計算	$A = V \times f \times 0.02$ V：0.1mol/L 水酸化ナトリウム溶液の滴定量(mL) f：0.1mol/L 水酸化ナトリウム溶液のファクター
銅(Cu)濃度[1]	原理	トリエタノールアミンで鉄をマスクし、EDTAによりキレート滴定。
	手順	温水50mL+試料1mL+35%過酸化水素水1滴→よく振り反応させる+トリエタノールアミン(2,2',2"-ニトリロトリエタノール)10mL→よく振り反応させる+アンモニア水(1+1)+PAN指示薬数滴→0.05mol/L EDTA溶液で滴定(終点は赤紫から黄緑に変わる点)。
	計算	$A = V \times 0.05 \times f \times 63.5$ A：濃度(Cu)(g/L) V：0.05mol/L EDTA溶液の滴定量(mL) f：0.05mol/L EDTA溶液のファクター

1)電気化学システムズ技術資料より
2)RD Chemicals技術資料より

試験方法などの中の記号はJIS K8001"試薬試験方法通則"2.4項に準じ、次のような記号を用いた。

＋	加えること
→	次の操作に移ること
‥‥‥	比較または結果
"　"(a回行う)	"　"間の操作をa回行うこと
+A(→ a mL)	溶媒Aを加えて全量をa mLにすること
B(b +c)	試薬B b mLに対し、水 c mLの割合で混合したもの

用語解説 ▶ **ボーメ度** ────────────────

　エッチング液は比重で管理するのが一般的である。慣習的に、液比重をボーメ度（Baumé、単位記号はBhまたは°Bé）で表す場合が多い。ボーメ度の定義は、水よりも比重が高い場合と低い場合とで異なる。エッチング液のように比重が水より高い液のボーメ度（重ボーメ度）では、比重への換算は次の式による。

$$比重 = \frac{144.3}{144.3 - ボーメ度}$$

　この144.3という換算係数は、計量法と計量単位令にもとづく計量単位規則・別表第一による。欧米では144あるいは145が用いられる場合もある。

────────────────────────────────

　このエッチング液では、エッチングレジストとしてはんだ（錫鉛合金）およびその他の錫合金は使用できない。

　銅の溶解反応は、以下のようになる。

　主要の反応は、銅がまず1価の銅（ほぼ不溶性）になり、表面膜を形成する。

$$FeCl_3 + Cu \rightarrow FeCl_2 + CuCl$$

　これがさらに酸化されて、

$$FeCl_3 + CuCl \rightarrow FeCl_2 + CuCl_2$$

のように塩化第二銅（溶解性）となり溶解する（なお、この塩化第二銅は塩化第二銅エッチング液と同様にエッチング能力があるため、液中の濃度が高まると溶解反応に寄与してくる）。この1価の銅の表面皮膜は、サイドエッチを防止する効果があり、バンキングエージェント（2.7.3項参照）として作用している。Caiらは、エッチング後に残った表面皮膜をX線回折法（XRD）で分析して、CuClであることを確認している［文献5］。またこのような機構で溶解が進むため、エッチング速度は表面近くの液の流動状態によって大きく影響を受ける（拡散律速反応）。

　結局、2モルの塩化第二鉄で1モルの銅を溶解できることになる。ただし溶解してできた第二銅にもエッチング能力があるため、1モル以上の銅を溶解することも理論上は可能である。

　エッチング反応が進むにつれて、溶解した銅が溶液中に蓄積し、銅の溶解速

度が遅くなってくる。このエッチング液においては、酸化剤による再生は塩化銅エッチング液ほどには普及していない。再生を行わない場合は、銅濃度がおよそ60g/L（1モル／L程度）以上になると、エッチング速度が遅すぎて実用的な使用ができなくなるから、液を廃棄し、新浴に置き換える（再生方法に関しては5.3節で説明する）。

　塩化第二銅と同様に、塩化第二鉄の濃度にもエッチング速度が最大になる最適濃度があり、高すぎても速度は低くなることが、古くから認められていた。図5.13は1962年発行の資料［文献6］からとったものである。なお、この図の縦軸は一定の厚さの銅を溶解するに要するエッチング時間であり、エッチング速度の逆数になることに注意する必要がある。したがって、図中の曲線の最小値が、エッチング速度最大の条件になる。濃度が高くなると、粘度が高くなり、拡散が制限されて、エッチング速度が遅くなると説明されている。

　一般に反応速度と温度の関係は次のアレニウスの式によって表現される。

$$k = Ae^{-\frac{E}{RT}}$$

ここで、Aは頻度因子、Eは活性化エネルギー、Rは気体定数である。反応

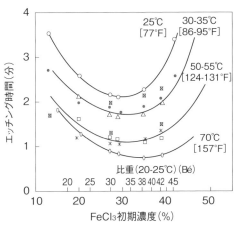

Nekervis［文献6］による

図5.13　エッチング特性（塩化第二鉄）

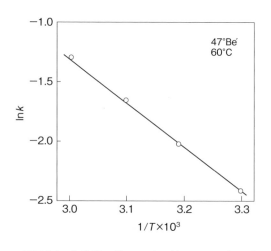

47°Be'
60°C

ln$k$

1/T×10^3

図5.14　塩化第二鉄エッチングのアレニウスプロット

速度の対数 ln k と絶対温度（熱力学温度、単位はケルビン）T の逆数をプロットすれば傾き $-E/R$ の直線になる（アレニウスプロット）。図5.14は、上田［文献7］による塩化鉄エッチング液による銅のエッチングのアレニウスプロットである。これから活性化エネルギーEを求めると7.5 kcal/molになると報告されている。

(2) エッチング速度に影響する要因

　以下に電気化学システムズのデータ［文献8］をもとにエッチング速度に関連する要因の説明をする。

　塩化第二鉄エッチング液の比重とエッチング速度の関係を図5.15に示す［文献8］。この図には新液と、一定量のエッチングを行った液（ある程度使い込んだ液）のデータを示してある。ここで、どの程度使い込んだかは、（溶解した銅量）：（新液中の塩化第二鉄の量）のモル比で、1/4液、1/3液などと表現している。例えば1/3液とは、初期の塩化第二鉄濃度（モル濃度）の1/3に銅濃度がなるまで銅を溶かした液ということである。塩化第二鉄2モルで銅1モルを溶解するから、第二鉄だけでは1/2液以降ではエッチングは進まないはずである。しかし実際は、液に溶解した塩化第二銅がエッチング反応に寄与す

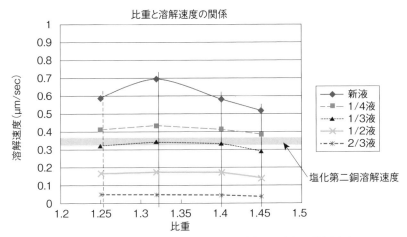

図5.15 エッチング速度と比重（塩化第二鉄）

1/4液、1/3液などは溶解した銅濃度と新液中の鉄濃度の比率(モル比)を表す。
比重と塩酸濃度は一定に保持する。

（株）電気化学システムズ技術資料より

るため、速度は低下しているもののエッチングは進行している。

　このデータでは比重と塩酸濃度は一定に調整してある。比重は水による希釈
で調整する。このデータで注目すべきは、塩化第二鉄濃度が高すぎても速度が
低下することである。比重が1.32前後で速度最大になる。エッチングを進めて
ゆき、溶解した銅が液内に蓄積していっても、この比重の液が速度最大である
のは変わらない。ただし1/4液のデータを見ると、比重による速度の差は新液
ほど大きくはない。すなわち、速度最大の液では使用するに従い、速度低下が
やや速い傾向にあることがわかる。

　希釈を行わない場合、銅の溶解に比例して液の比重は増加する（図5.16）。
銅溶解が過剰になると、液温が下がった場合に飽和状態になり、結晶が析出す
る。循環配管やノズルを詰まらせる原因になる。したがって、希釈による比重
調整は必須である。

　希釈による比重調整のための水には、塩酸の補給も兼ねて塩酸を加え、希塩
酸として補給する場合もある。この希釈液（希塩酸）の量は、目標とする比重

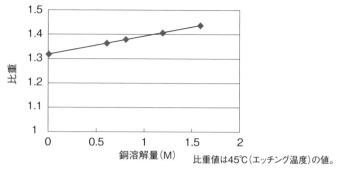

比重値は45℃（エッチング温度）の値。

（株）電気化学システムズ技術資料より

図5.16　銅濃度と比重（塩化第二鉄）

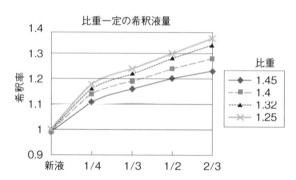

1/4液、1/3液などは溶解した銅濃度と新液中の鉄濃度の比率（モル比）を表す。
比重と塩酸濃度は一定に保持する。

比重値は45℃（エッチング温度）の値。

（株）電気化学システムズ技術資料より

図5.17　希釈液量（塩化第二鉄）

によって違う。比重を低く保つためには、希釈液量は大きくなる。この関係を
示したのが図5.17である。比重の高い液のほうが希釈液量は少なくなる。
　単位容積のエッチング液が銅をどれだけ溶解できるかを考えると、当然塩化
第二鉄の濃度が高い（比重の高い）液のほうが、多くの銅を溶解できる。図
5.18はこれを示した図である。この図はエッチング速度の変化も同時に示し

162

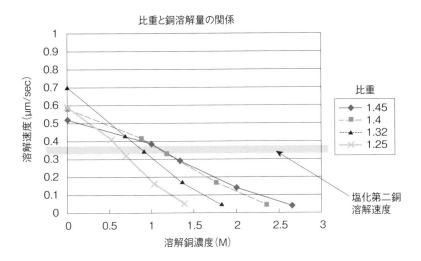

図5.18　銅溶解量（塩化第二鉄）

ている。

（3）塩酸濃度の管理

塩酸は次のような原因により消耗する。

①塩化水素ガス（HCl）として空気中に拡散する。もともと塩酸は塩化水素 HCl（常温常圧で気体）の水溶液である。

②銅を溶解するときの錯体形成により消費される。前述の反応式では2価の銅を $CuCl_2$ として記述したが、実際には $CuCl^+$、$CuCl_3^-$、$CuCl_4^{2-}$ などの形が、ある比率で共存している。全Cl濃度が高い場合には $CuCl_3^-$ や $CuCl_4^{2-}$ の形が多くなり、$CuCl_2$ よりもClを多く消費する。

③スプレーによる空気中の酸素との接触により、第一鉄が第二鉄に再生される時に消耗する。反応式は、

$$4FeCl_2 + O_2 + 4HCl \rightarrow 4FeCl_3 + 2H_2O$$

である。アルカリエッチングでは、空気中の酸素による酸化により100%再生されているが、酸性の塩化鉄エッチング液ではこの空気酸化反応（再

163

生反応）は実用的なレベルでは起こらない。

塩酸は分析により管理する。希釈液（希塩酸）の塩酸濃度が適正であれば、希釈液を入れて比重管理をすると同時に塩酸濃度も管理できる。分析データを蓄積し、実ラインでの塩酸の消耗速度を把握して、希釈液中の塩酸濃度を調整することにより、この管理が実現できる。

(4) エッチング液の管理方法

塩化鉄エッチング液の一番容易な使い方は、多少エッチング速度は落ちるが、比重の高いエッチング液（比重1.45程度）を用い、自動管理装置としては比重管理だけで行う方法である。塩酸濃度は、希釈液（希塩酸）のなかの塩酸によってラフな調整を行い、手分析で微調整するという方法である。

多チャンネルの自動分析管理装置など、もう少し高度な管理ができる場合は、中程度の比重（すなわち一番速度の速い比重1.320程度の領域）の液を用い、比重、塩酸、第二鉄濃度を自動管理する方法がある。第二鉄濃度を一定に保つためには、塩化第二鉄新液の補充が必要となる。

(5) エッチング後の洗浄

工程としては、後洗浄として、酸洗（塩酸による洗浄）を入れる。水洗だけではワーク表面に残留した塩化第一銅、水酸化鉄などの水に不溶の金属残分を洗い流すことができず、表面に残ってしまう。湿度が高い条件で表面の絶縁抵抗が著しく低下し、電気回路として使用することができなくなる。

(6) エッチング液の分析方法

塩化鉄エッチング液の分析法は表5.3のとおりである。自動分析や自動管理装置を使うにせよ、機械任せにするのではなく、定期的に手分析を行い、装置の精度チェック、補充量の補正などを行うことが重要である。

(7) 塩化鉄エッチング液のエッチング速度の解析

塩化鉄エッチング液に関して、上田らが詳細な解析を行っている［文献9］。スプレーエッチング装置による高純度鉄（AK鋼）のエッチングの実験である。銅のエッチングではないため、プリント配線板のエッチングにそのまま適用はできないが、スプレー打力の解析の部分は参考になるので、その部分を中心に、ここに概要を紹介する。

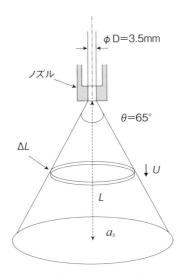

上田［文献9］による

図5.19　打力のモデル解析に用いたフルコーン型スプレーのフローパターン

　スプレー打力を求めるためのモデルを図5.19に示す。フルコーンノズル（充円錐ノズル）[*4]を用いた場合である。このようなフルコーンノズルの流量は一般にスプレー圧の0.5乗に比例する。すなわち流速U［ms^{-1}］は、

$$U = V/a_0 = (s/a_0) \ P^{0.5} \tag{1}$$

の関係がある。ここでVはノズルの流量［m^3 s^{-1}］、a_0はオリフィス断面積［m^2］、Pはスプレー圧、sはノズルで決まる係数である。

　円錐を横断する厚さΔLの液膜が加工面に衝突すると考えると、スプレー打力F[Pa]は、

$$F = M_s U \tag{2}$$

となる（図5.19）。ここでM_sは加工面における単位面積あたりの質量流量［kg m^{-2} s^{-1}］である。また充円錐スプレーの物質収支は、

$$M_0 a_0 = M_s a_s \tag{3}$$

である。ここではM_0はノズルオリフィスにおける単位面積あたりの質量流量、

＊4　ノズルのスプレーパターンに関しては 6.4.3 項を参照。

a_sは加工面でスプレーがカバーする面積 [m²] である。液体の密度をρ [kg m⁻³] とすると、

$$M_0 = \rho U \tag{4}$$

である。(1) 式を (4) 式に代入して、

$$M_0 = \rho s P^{0.5}/a_0 \tag{5}$$

を得る。この式と (3) 式より、

$$M_s = \rho s P^{0.5}/a_s \tag{6}$$

となる。これと (1) 式を (2) 式に代入して次式を得る。

$$F = (\rho s^2/a_0 a_s) P = c_1 P \quad [c_1 : \text{const}] \tag{7}$$

したがって、スプレー打力はスプレー圧と比例関係にある。また充円錐スプレーの広がり角度をθとすれば、

$$a_s = \pi L^2 \tan^2(\theta/2) \tag{8}$$

であるから (7) 式は、

$$F = (\rho s^2/\pi a_0 \tan^2(\theta/2)) (P/L^2) = c_2 (P/L^2) \tag{9}$$

のようになる。すなわちスプレー打力はスプレー距離の2乗に反比例する。

また、実験結果からスプレーエッチング速度はスプレー圧力Pの0.6乗、スプレー距離Lの−0.6乗に比例する。したがって、エッチング速度$\Delta W/\Delta t$は、

$$\Delta W/\Delta t = c_3 (P/L)^{0.6} \tag{10}$$

と書くことができる。この式を (9) 式と比較して、

$$\Delta W/\Delta t = c_4 (FL)^{0.6} \tag{11}$$

を得る。この2式のP/LとFLは単位面積あたりの運動エネルギーと同じ次元を持っている。したがって、加工面における流体のもつ運動エネルギーがエッチング速度を決定していると考えられる。

図5.20に示すように加工面に衝突した厚さΔLの液膜中の乱流の平均速度をuとすると、単位面積あたりの運動エネルギーEは、

$$E = 1/2\rho u^2 \Delta L \quad [\text{Jm}^{-2}] \tag{12}$$

となる。P/LとFLがこのEに相当するとすれば、

$$P/L \propto FL \propto E \tag{13}$$

の関係が成立する。この式を (10) 式あるいは (11) 式と比較すると、

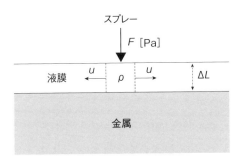

上田［文献9］による

図5.20　金属表面の液膜の模式図

$$\Delta W / \Delta t = c_5 E^{0.6} \tag{14}$$

となり、（12）式から、

$$\Delta W / \Delta t = c_6 u^{1.2} \tag{15}$$

となる。すなわち、エッチング速度は、加工面での流体の単位面積あたりの運動エネルギーの0.6乗に比例するならば、加工面上の液膜中の乱流の平均流速の1.2乗にも比例することになる。これは実験結果と一致する。

さらにP一定の条件では、（13）式より、

$$E \propto L^{-1} \tag{16}$$

と書ける。この式と（12）式から、

$$u \propto L^{-0.5} \tag{17}$$

となる。この式と（15）式からエッチング速度は、

$$\Delta W / \Delta t = c_7 L^{-0.6} \tag{18}$$

となり、これも実験結果と一致する。

この結果と、スプレーによるエッチング速度の温度依存性はアレニウスの法則に従う（ちなみに、活性化エネルギーE_aは、浸漬によるエッチングと変わらない）という実験結果から、エッチング速度$\Delta W / \Delta t$は次の実験式で表すことができた。

$$\Delta W / \Delta t = c (P/L)^n \exp(-E_a/RT)$$

ここで、cとnは定数であり、この実験の結果では$c = 47.2$、$n = 0.6$であった。

5.2.3　アルカリエッチング液

　アルカリエッチング液といわれるエッチング液は、アンモニアアルカリ性のエッチング液である。銅はアンミン錯体（アンモニアを配位子とする錯体）$Cu(NH_3)_4^{2+}$として溶解している。

　溶解反応は、

$$Cu + Cu(NH_3)_4Cl_2 \rightarrow 2\,Cu(NH_3)_2Cl$$

であり、再生反応は空気中の酸素を酸化剤として用いて、

$$4\,Cu(NH_3)_2Cl + 4\,NH_4Cl + 4\,NH_4OH + O_2 \rightarrow 4\,Cu(NH_3)_4Cl_2 + 6\,H_2O$$

となる。エッチング液をスプレーすることにより、空気と接触して、自然と再生される（曝気（エアレーション）による酸化作用）。

　エッチング液の成分およびその役割は表5.5、作業条件は表5.6の通り（［文献10］による）。

表5.5　アルカリエッチング液の組成［文献9］

成　分	役　割
水酸化アンモニウム NH4OH	銅の錯化剤。アルカリ性で銅を溶解状態に保つ。
塩化アンモニウム NH4Cl	エッチング速度向上。銅溶解量の増大、液の安定性向上。
2価銅イオン Cu²⁺	酸化剤。金属銅を溶解する。
炭酸水素アンモニウム NH4HCO3	緩衝剤。はんだ表面変色防止剤。
リン酸アンモニウム （NH4）3PO4	はんだ表面変色防止剤。
硝酸アンモニウム NH4NO3	エッチング速度向上およびはんだ表面変色の防止。
その他の添加剤	多くの市販液の組成には、エッチング速度向上、サイドエッチ低減などを目的とした添加剤が含まれている。 添加剤にはチオ尿素（およびその誘導体）がよく用いられてきたが、チオ尿素非含有を売り物にした、アンダーカット防止能力に優れるという液も市販されている。

注）この表の中ではんだ表面変色防止とされているのは「はんだめっきスルーホールプリント配線板」（1.1.7項参照）の場合の役割である。

表5.6　アルカリエッチング液の作業条件

項　目	条　件[1]	条　件[2]
温　度	49～50℃	50～55℃
pH	8.1～8.5（標準8.3）	8.0～8.8
50℃での比重	1.200-1.210	1.207-1.227
ボーメ	－	25-27Bé
銅濃度	135-145g/L	150-165g/L
エッチング速度	35-40 μm/分	35-50 μm/分
塩　素	－	4.9-5.7 mol/L

1）メルテックス（株）エープロセス技術資料より
2）PA Hunt Chemical社技術資料より。メートル法に換算。

　アルカリエッチング液の管理方法に関しては、Southern California Chemicals 社が提唱した方法（米国特許3,705,061号、1972年）［文献11］が一般的である。この方法は、銅濃度を比重計などで検知し、銅濃度が上限に達したならば、液の一部分を抜き去り、アンモニア含有の補充液（塩化アンモニウムなど）を添加して銅濃度を一定範囲に保つようにする方法である。

　実際のプロセスでは、

　　1）銅濃度が高くなったならば、補充液を添加する。

　　2）pHが低くなったならば、アンモニア水の添加、あるいはアンモニア
　　　　ガスの注入を行う。

という管理を行う。装置的には、エッチング室の直後に補充液洗（Replenisher Rinse）室を設け、ワーク表面に付いたエッチング液は水ではなく、補充液で洗い落とすようにしてあることが特徴的である（図5.21）。

5.2.4　マイクロエッチング液

　プリント配線板の銅表面の酸化物や有機残渣を除去、洗浄する、あるいは表面を粗面化する、そのような目的のために、銅表面のわずかな厚さの銅をエッチングで除去するためのエッチング液をマイクロエッチング液と称する。

　主な用途は、清浄な銅表面の形成と表面粗さの調整であり、はんだ付け性の向上やドライフィルムの密着性向上、絶縁樹脂層との密着性向上、表面平

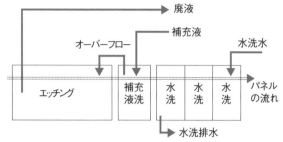

補充液でパネルを洗浄してから水洗するため、銅イオンが水洗排水に入る量を低減できる。
アルカリエッチング液は銅がアンミン錯体を形成しているため、排水処理への負担が大きい。

図5.21　アルカリエッチング液の補充

滑化、めっき前処理、各種処理前表面洗浄などに使用される。表面粗さの調整（平滑な面に適当な粗さを付与すること）は「粗面化」、「粗化」、「整面」とも呼ばれる。

マイクロエッチング液による表面処理の特徴は機械加工（ブラシ処理、ブラスト処理など）のように銅表面に物理的ストレスを発生する要素は含まれていないことと安定した粗化面が作れることである。表面粗化に用いられるマイクロエッチは、機械研磨に対して、「化学研磨」と呼ばれることもある。

マイクロエッチング液として代表的なエッチング液は、

- 過硫酸塩系、
- 硫酸-過酸化水素系、
- 有機酸系、

である。以下に各マイクロエッチング液の主成分、反応などを説明する。

（1）過硫酸塩系マイクロエッチング液

過硫酸塩系マイクロエッチング液は、

- 過硫酸アンモニウム（ペルオキソ二硫酸アンモニウム）$(NH_4)_2S_2O_8$
- 過硫酸ナトリウム（ペルオキソ二硫酸ナトリウム）$Na_2S_2O_8$

などの過硫酸塩（ペルオキソ二硫酸塩）を酸化剤としたエッチング液である。
銅の溶解反応はそれぞれ、

$$Cu + (NH_4)_2S_2O_8 \rightarrow CuSO_4 + (NH_4)_2SO_4$$

$$Cu + Na_2S_2O_8 \rightarrow CuSO_4 + Na_2SO_4$$

である。溶解した銅が水酸化銅として沈殿すること（特に処理後の水洗工程で希釈された時）を防止するため、少量の硫酸を加えた組成が良く用いられる。

用語解説　過硫酸

　過硫酸はペルオキソ硫酸の慣用名であり、理論的にはペルオキソ一硫酸 H_2SO_5 とペルオキソ二硫酸 $H_2S_2O_8$ の双方を指す。ただし、実際にはペルオキソ二硫酸を指す場合が多く、特に過硫酸塩の場合その傾向が顕著である。ペルオキソ一硫酸は別の慣用名である「カロ酸」（最初の報告者ハインリッヒ・カロにちなむ）を使う場合が多い。どちらの場合でも、混同に注意が必要である。

---

(2) 硫酸-過酸化水素系マイクロエッチング液

　硫酸-過酸化水素系マイクロエッチング液は、強酸性の溶液中で、過酸化水素の発生期の酸素によって銅表面が酸化され、硫酸に溶解する反応を利用したものである。反応式は以下のようになる［文献12］。

$$H_2O_2 \rightarrow H_2O + (O)$$
$$Cu + (O) \rightarrow CuO$$
$$CuO + H_2SO_4 \rightarrow CuSO_4 + H_2O$$

この主反応とは別に、過酸化水素には自己分解反応、

$$H_2O_2 \rightarrow H_2O + \tfrac{1}{2}O_2$$

がある。過酸化水素水を密閉容器に保存し、容器内で自己分解反応が起こると、発生した O_2 ガスにより内圧が上がり、容器破損（破裂）に繋がる危険性がある。この自己分解反応は、鉄、銅などの金属イオンが触媒になり急激に進行する。これを防ぐため、過酸化水素水および過酸化水素を用いたマイクロエッチング液には、分解防止剤（安定剤）が添加されている。

　硫酸-過酸化水素系エッチング液の代表的組成を**表5.7**に示す。温度の銅濃度に与える影響を**図5.22**に示す［文献13］。なおこれは、表面洗浄と化学研磨を目的としたマイクロエッチング液の例であり、表面粗化液の場合よりエッチング速度がかなり速い。液中の銅濃度がエッチング速度に与える影響を、同

表5.7　硫酸‐過酸化水素系エッチング液　代表的な液組成

35%過酸化水素水濃度	65–100g/L
硫酸濃度	50g/L以上
銅濃度	25g/L以下
温　度	20–30°C

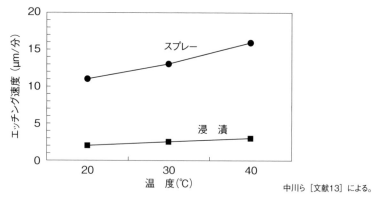

中川ら［文献13］による。

図5.22　温度とエッチング速度（メックブライトCB-801）

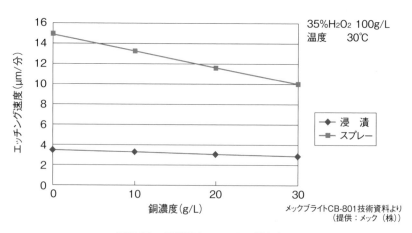

メックブライトCB-801技術資料より
（提供：メック（株））

図5.23　銅濃度とエッチング速度

じ液で図5.23に示す。

(3) 有機酸系マイクロエッチング液

　有機酸系マイクロエッチング液は主に有機酸と弱いキレート剤（錯化剤）からなる。有機酸による酸化銅の溶解反応と、2価銅錯体が金属銅を溶かして1価銅錯体になる銅溶解反応からなるとされている［文献14］。

　スプレー処理により、空気中の酸素に接触して、1価銅錯体は2価銅錯体に再生されるため、特別な再生処理は不要である（曝気（エアレーション）によるエッチング液再生）。これは回路形成で用いられるアルカリエッチング液の再生（5.3.5項を参照）と同じ原理である。

　反応は次のようになる。

$$CuO + 2RCOOH \rightarrow (RCOO)_2Cu + H_2O$$
$$\downarrow$$
$$Cu + Cu(II)X_2 \rightarrow 2Cu(I)X$$
$$\downarrow エアレーション$$
$$2Cu(I)X + \tfrac{1}{2}O_2 + 2X \rightarrow 2Cu(II)X_2 + H_2O$$

（ここでXはキレート剤、RCOOHは有機酸を示す）

　有機酸系マイクロエッチング液で用いる、代表的な有機酸（カルボン酸）はギ酸（HCOOH）である。この場合には「ギ酸系マイクロエッチング液」と呼ばれることがある。

　有機酸系のマイクロエッチング液での銅表面の粗化状況を図5.24の写真に

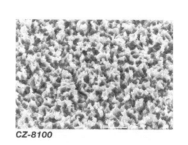

CZ-8100

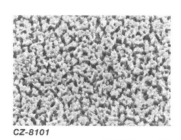

CZ-8101

資料提供：メック株式会社

図5.24　有機酸系エッチング液による銅表面の粗化状況

示した。

　マイクロエッチング液には、上記（1）〜（3）に述べた主成分以外に安定剤、防錆剤、界面活性剤、消泡剤などの添加剤が含まれる場合がある。

　ここで防錆剤と呼ばれているものは、エッチング後の銅表面に薄い有機物の皮膜を生成し、酸化を防止するものである。この有機皮膜が、単なる防錆効果だけではなく、次の工程（積層工程、フォトレジスト形成工程など）での密着性を向上させる効果（プライマー効果）を目的として用いられている場合もある。

（4）マイクロエッチング液による粗面化の機構

　4.6節で説明したとおり、マイクロエッチング液による銅の粗面化は、「銅の結晶粒界を選択的に深くエッチングすることにより粗面化をはかる」という結晶粒界攻撃型メカニズムによる場合が多い。

　結晶粒界とは結晶の不連続部分である。電解銅箔の製造時には柱状の結晶が生じ、熱と時間によって成長する。この粒界部分を選択的にエッチングする処理液を使うと、表面が粗化されることになる。この様子は4.6節の図4.13と図4.14の電解銅箔の写真（各図の右側の図）で明らかな通りである（p.141参照）。

　一般的に、銅の溶解を行うエッチング液は、銅とエッチング液との界面（固液界面）で、

　　　1）酸化剤により銅を溶解し、金属銅を銅イオンとして液に放出する。

　　　2）銅イオンが液中に拡散する。

の2段階の反応をしていることになる。

　回路形成に用いる塩化銅、塩化鉄などのエッチング液は、溶解速度が速く、2）の拡散速度が律速であり、逆にマイクロエッチング液は溶解速度が遅く、1）の溶解反応が律速となる。したがって、マイクロエッチング液は、銅表面の状態に敏感なエッチングが可能で、結晶粒界を優先的にエッチングして粗面化が可能である［文献15］。

　ただし、結晶粒界を選択的に深くエッチングすることによる粗面化には限界がある。電解銅箔、あるいは電気銅めっき層に対しては効果的に粗面化できるが、圧延銅箔に関しては均一な粗面化ができない。図4.13と図4.14（p.141）に

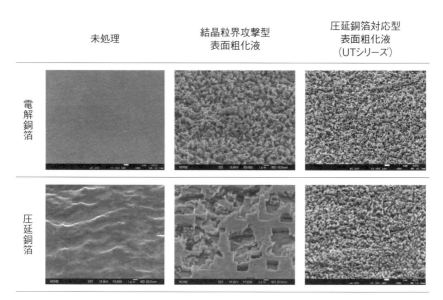

未処理　　　　　　　結晶粒界攻撃型　　　　圧延銅箔対応型
　　　　　　　　　　　表面粗化液　　　　　　表面粗化液
　　　　　　　　　　　　　　　　　　　　　　（UTシリーズ）

電解銅箔

圧延銅箔

資料提供：メック株式会社

図5.25　圧延銅箔対応型表面粗化液の効果

示したように、これは結晶粒界の並びの違いが原因である。電解銅箔は結晶粒界が縦に並んでいるが、圧延銅箔は横に（すなわち表面に平行に）並んでいる。そのため、結晶粒界攻撃型の粗面化が困難になる。圧延銅箔を用いるフレキシブルプリント配線板の場合には注意が必要である。

　この現象は圧延銅箔だけではなく、強力な（研磨量の大きい）機械研磨を行った銅表面にも発生する。研磨の応力によって、銅表面に歪み（塑性変形）が生じ、粒界が変形を受けるためである。平坦化研磨のような強い機械研磨の場合には注意が必要である。

　圧延銅箔用として、粒界に頼らない粗面化処理ができるマイクロエッチング液が開発されている（図5.25）。

5.2.5　超ファインピッチ用エッチング液
　ICの高機能化に伴う多端子化、小型化、実装面積の矮小化に伴って、これ

を実装するICパッケージ基板（サブストレート、インターポーザ）などの接続端子ピッチや配線ピッチがますます小さくなる傾向にある。

この微細化要求を達成するには銅回路パターンをエッチングで形成するエッチング法（サブトラクティブ法）では限界があるとされ、パターンめっき法（セミアディティブ法など）で回路を形成する方法が研究・開発され、実用化されている。しかし、銅箔の厚さにもよるが、8μm程度の銅厚であれば、エッチング法でも、パターンめっき法と同等かそれ以上の品質を持つ超ファインピッチの回路形成が可能である。

エッチング法の利点は既存の技術、設備が使えること、製造工程が単純で、製造工程中に使用する材料も安価なこと、電気めっき速度よりエッチング速度が数十倍から数百倍速いことなどから生産性が良く、銅回路そのものの品質（純度、密着性、導電性、柔軟性、耐マイグレーション性、異方性導電フィルム（ACF）接続性）なども優れていて、しかも安定している。

しかし、従来のエッチング液やエッチング技術をそのまま適用しようとすれば、超微細配線ではトップの線幅がなくなってしまう。回路の断面で言えば、台形でなく三角形となる。

これを解決するために、トップの線幅を維持することが可能なエッチング液やエッチング方法、設備の改良などが進んで、超ファインピッチのTABやCOFの製造に実用化された。この技術はフレキシブルプリント配線板（FPC）やリジッドプリント配線板への実用化も検討されている。

超ファインピッチ用エッチング液には大別して塩化銅系と塩化鉄系があり、塩化銅系ではメック社の「EXE」が、塩化鉄系ではADEKA社の「アデカケルミカTFE」がある。

（1）塩化銅系超ファインピッチエッチング液

メック社の「EXE」を塩化銅系超ファインピッチ用エッチング液の例として紹介する。

エッチングによる微細回路形成において最も重要なことは、サイドエッチによる線幅の縮小である。このためにはエッチファクターが大きいこと、すなわちショルダーアングル（側面の傾き角度）が垂直に近い方が良い。

　エッチファクターを制御する原理は極めて単純である。銅のエッチングを防止する薬品（インヒビター）と銅との結合力と、これを破壊するエッチング液のスプレーの衝撃強度（打力）とのバランスで、望ましいショルダーアングルを保持しながら、銅をエッチングする[*5]。

　エッチング液の衝撃力（打力）は、水平面が最も強く、垂直面では0である。斜めの面はその中間になる。インヒビターの結合を引き剥がす力は衝撃力が斜めの面に対して垂直な分力だと仮定すると、斜めの面にあたる衝撃力はショルダーアングルθの余弦（$\cos\theta$）となり、インヒビターの結合力とある角度のところで均衡する（図5.26）。

　「EXE」は標準的な塩化第二銅エッチング液（再生剤は過酸化水素）に銅エッチング抑制剤を添加した液である。通常のスプレーエッチング装置、通常のエッチング条件で使用できるが、ただ一つ異なるのはエッチングインヒビターが入っており、エッチング液の打力と抑制効果とのバランスを取る必要がある。エッチング開始前にこの液が付着すると、むしろエッチングレジストとして逆作用する。このような原理の液であるから、静止浴（浸漬法）では使用できない。

　COFなどの超ファインピッチの回路形成に使用される。回路パターンの状況を図5.27に示す。銅厚8μm、20μmピッチのエッチング例であるが、従来

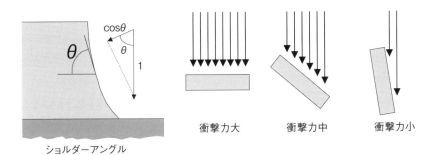

図5.26　衝撃力（打力）とショルダーアングル

[*5]　これは2.7.2項で説明したバンキングエージェントの原理である。

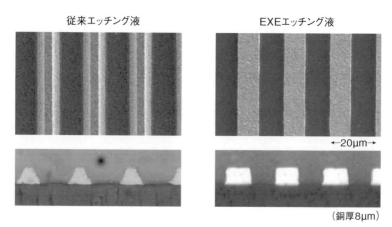

従来エッチング液　　　　　　　　EXEエッチング液

←20μm→

（銅厚8μm）

図5.27　EXEによる超ファインピッチエッチング

の塩化第二銅エッチング液では回路導体の断面が台形になるが、このエッチング液ではほぼ矩形に近い。トップとボトムの導体幅がほとんど同じで断面積も大きい。

　エッチング法で、8～12μm程度の銅厚を保持した状態で20μmピッチ以下の回路形成を目指して量産開発が進められた。液の管理は従来の塩化銅エッチング液管理装置に抑制剤（インヒビター）濃度管理装置が必要である。

（2）塩化鉄系超ファインピッチエッチング液

　ADEKA社の「アデカケルミカTFEシリーズ」を塩化鉄系超ファインピッチ用エッチング液の例として挙げる［文献16］。

　塩化第二鉄溶液を主成分とした液に促進剤、制御剤、分散剤、防錆剤などの添加剤を配合したエッチング液である。ファインピッチ回路形成ではサイドエッチの関係で薄い銅厚を使用するが、この場合エッチング時間は短くなる。そのため、例えば0.03～0.15MPaのように低圧でスプレーエッチングを行い、量産時の加工マージンを大きくとることで安定した生産性を実現している。スプレー圧、流量などの物理的な力を抑え、液の持っている化学的なエッチング特性を十分に発揮させることで、サイドエッチを防止し、エッチファクターを上げている。エッチング後の導体形状の写真を図5.28に示す。

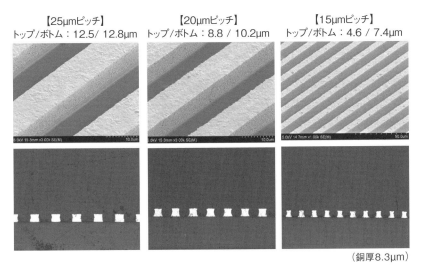

【25μmピッチ】
トップ/ボトム：12.5/ 12.8μm

【20μmピッチ】
トップ/ボトム：8.8 / 10.2μm

【15μmピッチ】
トップ/ボトム：4.6 / 7.4μm

（銅厚8.3μm）

写真提供：（株）ADEKA

図5.28　アデカケルミカTFEでのエッチング形状

導体間隔	アデカケルミカTFE	一般的な塩化銅、塩化鉄
8μm		
7μm		
6μm		
5μm		
処理条件	圧力0.05MPa、温度45℃	圧力0.2MPa、温度45℃

写真提供：（株）ADEKA
（20μmピッチ）

図5.29　導体間隔とエッチング深さの比較

【20μmピッチ】
トップ/ボトム：7.2 / 9.8μm

【55μmピッチ】
トップ/ボトム：28.8 / 30.2μm

【70μmピッチ】

写真提供：（株）ADEKA

図5.30　粗密混在回路での均一性

　また図5.29に示すように導体間隔が違っても深さ方向のエッチング速度が同じであり、図5.30のように粗密回路が混在していても均一なエッチングが可能となる。

　液管理には専用の管理装置（AFES SUPER SYSTEM）を用い、ORP（酸化還元電位）、ION（酸濃度）、比重で管理する。補充液として塩化第二鉄、塩酸、種々添加剤を混合した2液とLAD（塩素酸ナトリウムベース）1液の3種専用液を用いた連続再生処理である。

5.3 再生とリサイクル

5.3.1 塩化銅エッチング液の再生方法

　再生用の酸化剤としては塩素酸ナトリウム$NaClO_3$、過酸化水素H_2O_2、塩素ガスCl_2などが使われている。日本では過酸化水素が一般的である（欧米とアジア地区では塩素酸ナトリウムの使用例が多い）。

(1) 塩素酸ナトリウム法

　塩素酸ナトリウムを使った場合は、1価の銅（CuCl）を2価の銅（$CuCl_2$）に酸化する反応は、

$$NaClO_3 + 6CuCl + 6HCl \rightarrow 6CuCl_2 + NaCl + 3H_2O$$

となる（以下では、説明が煩雑になるのを避けるため、単純化して1価の銅はCuCl、2価の銅は$CuCl_2$と記述した。実際にはクロロ錯体を形成していることは、5.2.1項で述べた通り）。

　注意すべきは、塩素酸ナトリウムの自己分解反応、

$$NaClO_3 + 6HCl \rightarrow 2ClO_2 + Cl_2 + 2NaCl + 2H_2O$$

によって、二酸化塩素（ClO_2）や塩素（Cl_2）のような有毒ガスが発生することである。塩素酸ナトリウムを大過剰に投入した場合（すなわち、1価の銅をすべて酸化するのに必要な量を大幅に超えて異常に添加した場合）および塩酸濃度が高い場合にこの分解反応は発生する。排気が不十分な場合には、人命に関わる重大な事故に直結する。

　上記の2つの反応式からわかるように、再生反応には塩酸HClが必要であるが、塩酸濃度が高すぎると分解反応も進行しやすくなる。したがって塩酸濃度（pH）の管理が重要である。

　このエッチング液は一定量のNaCl（酸化反応の生成物）が、液のなかに残留する。HCl以外にも、このNaClからのClイオンがエッチング反応に寄与するため、同一の全塩素イオン濃度を保つためのHCl濃度は低くて済む。

　欧米およびアジア地区では、塩酸を低めにコントロールし、塩素酸ナトリウムを小過剰の状態で管理するエッチング液を採用するメーカーも増えている。このようなエッチング液を『クロレート・エッチング液』と呼ぶ場合もある（クロレートchlorateとは塩素酸塩の意）。

　塩素酸ナトリウムは、粉末状態では爆発性があり、かつて除草剤として販売されていたころには、非合法の爆発物の製造に用いられる例が多くみられたほどである。エッチング液の再生剤として市販されているものは粉末ではなく水溶液であり、危険性は低減されている。

　塩素酸ナトリウム系のエッチング再生剤の溶液には、塩素酸ナトリウムの他

に塩素イオン補給剤としてNaClなどの塩化物が添加されている場合がある。NaClが多すぎた場合に、飽和状態になり、沈殿が生じて、①スプレーノズルや配管を詰まらせる、②細かい塩の結晶が液とともに流れてスプレーノズルを摩耗させる、などの不具合を引き起こすことがあったといわれている。

(2) 過酸化水素法

過酸化水素を使用する場合は、補充液は酸化剤である過酸化水素水と塩酸HClである。全反応は、

$$H_2O_2 + 2\ CuCl + 2\ HCl \rightarrow 2\ CuCl_2 + 2\ H_2O$$

である。管理方法はNaClO_3の場合とほぼ同じである。

過酸化水素の自己分解反応は、

$$2H_2O_2 \rightarrow 2H_2O + O_2$$

であり、酸素が発生する。銅、鉄などの金属の化合物（特に鉄）の存在下ではこの反応は急速に進行するので注意が必要である。密閉容器に入っている場合には、圧力により爆発する場合もあり、大きな事故も発生している（コラム参照）。

過酸化水素は過剰に加えても上記のようにすぐ自己分解してしまう。したがって、1価銅の全量を2価銅に完全に酸化するよりも、すこし少な目で管理するのが普通である。

(3) 塩素法

塩素ガスを酸化剤として使う再生法の場合の全反応は、

$$2CuCl + Cl_2 \rightarrow 2CuCl_2$$

という単純な反応である。若干の蒸発による濃度低下はあるが、HClは消耗しない。したがって、酸化還元電位（ORP）計などの第一銅比検知器を使って、塩素ガスを補充（液中に噴射）するだけでよい。単純な方法であり、薬品的には一番安価な方法であるが、塩素ガスに対応した耐腐食性機器の必要性、塩素ガスの有害性および法的規制のため日本では用いられることは少ない。

(4) 電解再生法

図5.31に電解による再生法の模式図を示す［文献18］。アノード（陽極）では電解酸化反応で直接1価の銅（I）を2価の銅（II）に再生する反応ととも

Column　首都高速2号線タンクローリー爆発事故

　1999年10月29日（金）18時すぎ（消防通報は18時27分）、東京都港区南麻布2-12（首都高速道路2号目黒線上り古川橋付近）を走行中だった産廃業者のタンクローリーのタンクが突然爆発した事故である。積み荷の過酸化水素水が飛散、破損した高速道路の外壁やタンクなどの破片が高速下の一般道へ落下、そのため一般道でも交通事故が発生。爆発により付近に飛び散った過酸化水素水により、一般道路の歩行者が目の痛みと皮膚のただれを訴える、など多数の負傷者が発生し、人口密集地帯での大事故になり大きくマスコミで取り上げられたものである。周囲の建物のガラス等も爆風等により広範囲に散乱。タンク本体は約50m離れた南東側ビル（4階建）の屋上で発見された。

　原因は、神奈川県のプリント配線板の工場で、エッチングライン撤去により不要になった過酸化水素水を廃棄するにあたって、塩化銅を運搬するためのタンクローリーを使って産廃業者が運んだためであった。タンク内に残っていた塩化第二銅のため、過酸化水素水の分解反応が進み、やがて一気に分解して、走行中に爆発したものであった。

　運転手の話によると、このタンクローリーには普段、塩化鉄を運んでいるタンクと塩化銅を運んでいるタンクとに分かれていたらしい。当初、塩化鉄用タンクに過酸化水素水を入れたところ、すぐ分解反応が起こり煙が出て危険を感じたので、塩化銅用のタンクに入れて運んだとのことである。すぐには急激な反応が起こらないまでも、徐々に分解が進み、運搬中に破裂したことになる。奇しくも、過酸化水素分解に対する鉄と銅の効果の違いを明らかにしたかたちであった。

（事故詳細は松井ら［文献17］による）

に、塩素ガスが発生する。この塩素ガスを液内に吹き込んで前記（3）項の塩素法のように間接的に再生を行う。また同時にカソード（陰極）では銅が金属銅として析出するので、銅のリサイクルも可能である。再生と回収（リサイク

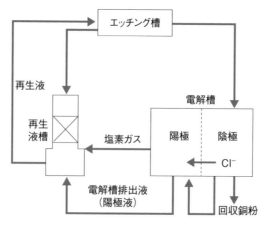

谷村ら［文献18］による

図5.31　塩化銅エッチング液の電解再生プロセスフロー

ル）が同時にできる方法である。

　アノード（陽極）：$Cu^+ \rightarrow Cu^{2+} + e^-$

$$2Cl^- \rightarrow Cl_2 \text{（気体）} + 2e^-$$

　カソード（陰極）：$Cu^{2+} + 2e^- \rightarrow Cu \text{（金属）}$

　アノードでのエッチング液の再生に必要な電気量を通電することで、カソード側ではおよそ9割の銅の回収が可能となるという。したがって、エッチング液廃液量がほぼ1/10になる。

（5）その他の再生法

　アルカリエッチングと同じように空気中の酸素を酸化剤として使う塩化銅再生システムも開発されている。従来は、酸性域では液中の溶存酸素濃度が少ないため、酸素による酸化反応の効率は低く、アルカリエッチングのような実用化は難しいとされていた。アルカリエッチングのようにエッチングチャンバー内のスプレーだけで空気と接触させるのではなく、別に再生槽を設けてその中にノズルを通し空気を積極的に吹き込むことにより、空気酸化による塩化第二銅の再生を可能としたものである［文献19］。

（6）再生も含めた消費量の計算

　物質収支から薬品消費量を計算した例を以下に示す。なお、これはあくまでもすべてが理論どおり進行した場合の計算を示したものであり、現実には微調整が必要となる。

　元になる反応式は過酸化水素を酸化剤として使うこととし、

　エッチング：$Cu + CuCl_2 → 2CuCl$

　再生：$H_2O_2 + 2CuCl + 2HCl → 2CuCl_2 + 2H_2O$

とする。すなわち Cu 1mol の溶解のために、H_2O_2 が 1 mol、HClが 2 mol消費する。

　a）1kgの銅を溶解するための量を計算する。Cuの原子量は63.546 g/molであるから、1kg-Cuは1000 ÷ 63.546 = 15.737molになる。

　b）補充に使う H_2O_2 の消費量を計算する。35重量%、比重1.13とする。H_2O_2 の分子量は34.0146g/molであるから、1kg-Cu溶解には34.0146g × 15.737 = 535.3g必要。濃度35%であるから、0.5353 ÷ 0.35 = 1.53kg、すなわち、容量にして 1.53 ÷ 1.13 = 1.35 L 消費する。

　c）補充に使う HClの消費量を計算する。35重量%、比重1.174とする。HClの分子量は36.4609 g/molであるから、1kg-Cu溶解には36.4609g × 15.737 × 2 = 1148g必要。濃度35%であるから、1.148 ÷ 0.35 = 3.28kg、すなわち容量にして3.28 ÷ 1.174 = 2.79 L消費する。

　d）第二銅濃度を 2 mol/L で管理している液の場合、銅1kg消費すると 15.737 ÷ 2 = 7.86 L 液が増量する。

　e）したがって希釈に必要な希釈水の量は7.86 −（1.35 + 2.79）= 3.72 L となる。

　f）これを整理すると、銅1kg溶解のために必要な薬品類は次のようになる。

IN/OUT	項　目	消費量・排出量
補　充	過酸化水素水、35%、比重1.13	1.35 L（1.53 kg）
	塩酸、35%、比重1.174	2.79 L（3.28 kg）
	水	3.72 L
排　出	塩化銅 2 mol/L 溶液	7.86 L

5.3.2　塩化銅エッチング液のリサイクル

　エッチング液のリサイクルとは、エッチング廃液から銅金属（または銅化合物）を回収することである。

　塩化銅エッチング廃液は業者引き取りにする例が多い。引き取った塩化銅廃液から中和法あるいは燃焼法などにより酸化銅を製造し、不溶性陽極を用いた銅めっきの銅イオン補充用としてプリント配線板メーカーに戻すサービスを行っている業者もある。

　引き取りではなく、工場内での回収（オンサイト・リサイクル）を行う事例も皆無ではなく、実績も報告されている［文献20］。

　回収設備は大規模になる場合が多く、自社内での回収の例は、プリント基板工場自体がかなり大規模な場合が多い。

　回収の主な方法は、（1）電解法、（2）中和法、（3）マラカイト化法、（4）蒸留法、（5）金属置換法などがある。以下に各々の方法を説明する。

(1)　電解による銅回収

　電解により塩化銅エッチング液の再生と銅金属の回収を同時に行う方法に関しては、再生方法の項で説明した。5.3.1項の（4）電解再生法を参照のこと。

(2)　中和法

　塩化銅エッチング廃液をアルカリで中和し、水酸化銅$Cu(OH)_2$として回収する方法である。アルカリとして水酸化ナトリウム$NaOH$を用いる場合には、

$$CuCl_2 + 2NaOH \rightarrow Cu(OH)_2 + 2NaCl$$

という反応になる。この時生じた$NaCl$は水洗で除去する（脱塩）。

　また、このあと、

$$Cu(OH)_2 + H_2SO_4 \rightarrow CuSO_4 + 2H_2O$$

の反応で水酸化銅を硫酸で溶解して硫酸銅溶液を作成し、晶析法により硫酸銅結晶（$CuSO_4 \cdot 5H_2O$）として回収する場合もある。

　あるいは、脱塩のあと、加熱脱水して、

$$Cu(OH)_2 \rightarrow CuO + H_2O$$

の反応で酸化銅CuOとして回収する方法もある。海外の工場の事例ではあるが、この方法を用いて、オンサイトの（自社工場内処理の）回収事例が報告さ

れている。水酸化銅に転換するプラントを工場内に設置し、売却可能な高品位の酸化銅を製造しているとの報告［文献20］である。

　その他に、エッチング廃液を水酸化ナトリウム水溶液と混合して中和する時に、同時に酸化剤（過酸化水素水など）を混合することにより、水酸化銅を経由せずに酸化銅を直接生成する方法［文献21］もあり、実施例もある。

(3) マラカイト化法

　塩化銅エッチング液廃液を、pHを調整しながら炭酸水素ナトリウム（重曹）$NaHCO_3$ 溶液などの炭酸塩溶液と混合し、塩基性炭酸銅（マラカイト）$CuCO_3 \cdot Cu(OH)_2$ として結晶化・分離する方法である。

(4) 蒸留法

　加熱減圧下で硫酸にエッチング廃液を混合し、

$$H_2SO_4 + CuCl_2 \rightarrow CuSO_4 + 2HCl \uparrow$$

により、硫酸銅 $CuSO_4$ として回収する方法である。ここで発生する塩化水素ガス HCl は、水または水酸化ナトリウム溶液で捕集し、塩酸または食塩水として回収する［文献22］。

(5) 金属置換法

　金属の置換による銅回収を行う方法もある。次のような3方法が報告されている。

　1）鉄による置換

　鉄くずを投入、銅を金属で回収する。反応は、

$$Fe + CuCl_2 \rightarrow FeCl_2 + Cu$$

となり、塩化鉄の廃液が発生する。

　2）アルミによる置換（PAC法）

　アルミニウムによる置換による銅回収技術についてはEPA（米国環境保護局）のプロジェクトで以前取り上げられたことがある。その1990年の報告によると回収率が高く、装置コストも低いため、将来有望な技術であるとされていた［文献23］。

　プリント配線板メーカーの場合には、機械式ドリルの穴あけ工程であて板（エントリーシート）として用いるアルミ板の活用が見込まれる。また、この

方法では塩化アルミニウムの廃液が発生するが、これは排水処理用薬剤（凝集沈降剤）のPAC（ポリ塩化アルミニウム）として有価物回収できる。台湾にこの方法の実用例がある。

3）亜鉛による置換

この方法では塩化亜鉛の廃液が発生する。塩化亜鉛溶液は中和して酸化亜鉛を回収し、ゴムの加硫助剤として再利用できる。

5.3.3　塩化鉄エッチング液の再生

塩化鉄エッチング液は、塩化銅エッチング液よりも再生が難しい。次のような理由による。

(1) 酸化剤の選定

鉄の存在化では過酸化水素の分解反応が爆発的に起こってしまうため、酸化剤としては過酸化水素水を使うのは困難であった。したがって、塩素酸塩を用いる場合が多い。ただし、大流量の流れのなかに少量ずつ投入するようにして、分解反応を防止した装置によってこの問題を解決した事例もある。

(2) 管理因子の増加

塩化銅エッチング液は第一銅と第二銅および塩酸と塩素イオンの濃度を管理すればよいが、塩化鉄エッチングの場合にはさらにこれに第一鉄と第二鉄の濃度の管理が加わる。補充液としては塩酸と酸化剤のほかに第二鉄溶液も必要になる。したがって、かなり複雑な補充システムになる。

5.3.4　塩化鉄エッチング液のリサイクル

塩化鉄エッチング廃液は、液のメーカーによって引き取られてリサイクルされる。リサイクルには鉄くずを投入して銅を置換析出させ、塩素により酸化して第二鉄とする方法が多く用いられている。反応は次のとおりである［文献24］。

前処理工程　　：$2FeCl_3 + Fe \rightarrow 3FeCl_2$

銅析出工程　　：$CuCl_2 + Fe \rightarrow FeCl_2 + Cu\downarrow$

塩素酸化工程：$2FeCl_2 + Cl_2 \rightarrow 2FeCl_3$

5.3.5　アルカリエッチング液の再生

アルカリエッチング液は、スプレー時に空気中の酸素と接触し、

$$4\,Cu(NH_3)_2Cl + 4\,NH_4Cl + 4\,NH_4OH + O_2 \rightarrow 4\,Cu(NH_3)_4Cl_2 + 6\,H_2O$$

の反応で再生される。特に酸化剤を入れる必要はない。スプレーだけでは空気との接触が不足するような場合は、タンクのなかに空気を噴射するような装置を再生槽として付属する場合もある。

5.3.6　アルカリエッチング液のリサイクル

(1) 業者引き取りのプロセス

業者引き取りで回収したエッチング液は、溶剤抽出により銅を分離し、硫酸銅として回収するシステムが一般的である。国内のアルカリエッチング液供給元最大手のメルテックス社が1999年に行った発表［文献25］によると、アルカリエッチング液のリサイクルは、アルカリ沸騰法（図5.32）および溶剤抽出法（図5.33）を行っていたが、排水中の窒素の規制に対応するため、アルカリ沸騰法は1996年で中止し、その後は溶剤抽出法のみであるという。同社は、年間8,000トンのアルカリエッチング液を処理し、4,000トンの硫酸銅を回収していて、処理工程で発生する廃棄物は16トンに過ぎないという。

この溶剤抽出法は銅鉱石から銅を生産するときに使われるSX-EW法（Solvent Extraction – Electrowinning法、溶剤抽出電解採取法）と同様の方法である。SX-EW法の溶剤（抽出液）としては一連のLIX試薬（General Mills社[*6]が開発した抽出用溶剤）が用いられる。

なお、アルカリエッチング以外にも、この溶剤抽出法をマイクロエッチング液に応用したリサイクル事例の報告［文献26］もある。

(2) オンサイトのリサイクルプロセス

工場内で（オンサイトで）この回収を行うシステムも開発されている。古くからあるプロセスは、開発会社の名をとってMecer Processと呼ばれている。やはりこれも溶剤抽出法であり、電解回収により銅を金属銅としてリサイクル

---

*6　同社の該当部門はその後 Henkel 社に買収された。

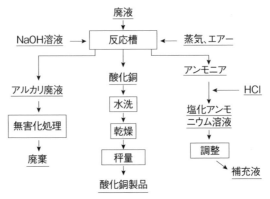

出典：Fujitaら［文献25］の図をもとに日本語化

図5.32　アルカリエッチング液のリサイクル（アルカリ沸騰法）

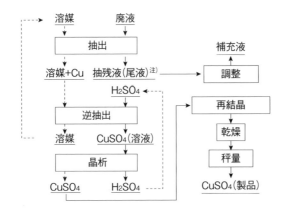

出典：Fujitaら［文献25］の図をもとに日本語化
注）抽残液：溶剤抽出により溶質が抽出された後に残った液。尾液あるいはラフィネートとも呼ぶ。

図5.33　アルカリエッチングのリサイクル（溶剤抽出法）

する。

　直接の電解回収法も開発された。ELO-CHEM-CSM社が開発したシステム
は、電解回収で塩素が発生する危険性を避けるため、アルカリエッチング液と
して、塩化アンモニウム系ではなく硫酸アンモニウム系を採用している。硫酸

アンモニウム系アルカリエッチング液は、塩化アンモニウム系よりもエッチング速度が低いため、速度促進剤を添加している。

5.4 エッチング後の水洗工程

エッチング処理などの化学処理の後には水洗処理が必要である。水洗工程はエッチングそのものに比べて、軽視されがちな傾向があるが、環境を配慮した省資源の工程を確立するためには、水洗工程にも充分配慮する必要がある。

水洗の理論を以下に紹介する。なおこれは、めっき工程における水洗の役割を深く研究し、京浜島工業団地において大規模な節水をなしとげた、中村らの研究［文献27］に基づいた解説である。

（1）水洗とは希釈である

水洗とは処理物の上に付着していた処理液（エッチング液など）が水洗水と混合され、処理液が水洗水中に拡散して薄められる工程である。すなわち、水洗とはこの付着した液の濃度を下げること（希釈作用）にほかならない。

通常、水洗工程の能力は、水洗前後の濃度の比（水洗効果R）で表す。例えば、銅濃度20g/Lのマイクロエッチング液から出てきた処理液を水洗した後、表面に付着した水洗水中の銅濃度が 2 ppm（mg/L）になっている場合の水洗効果Rは、

$$R = \frac{2}{2 \times 10^{-3}} = 10000$$

となる。

（2）付着液持ち込みと給水による希釈

図5.34（1）のような1段水洗を考える。前段からの持ち込みで水洗水が汚染されるのを防ぐために給水を行うというモデルである。ここで処理液の成分（例えばCu）の物質収支に注目すると、

$$C_0\theta = C_1\theta + C_1 W = C_1(\theta + W)$$

という関係が成り立つ。ただしC_0は処理液の成分（例えばCu）の濃度（g/

L）、C_1は水洗水中の成分濃度（g/L）、θは単位時間あたりの板に付着した液の持ち込み持ち出し量（L/h）、Wは単位時間あたりの給水量（L/h）とした。このときの水洗効果Rは、

$$R = \frac{C_0}{C_1} = \frac{\theta + W}{\theta} = 1 + \frac{W}{\theta} = 1 + A$$

となる。ここで$A = \dfrac{W}{\theta}$を希釈比と定義する。

(3) 多段水洗の場合

図5.34（2）のように、n段目からの水洗水排水を（$n-1$）段目の給水として使い、その段の排水をさらに（$n-2$）段目の給水に、というように、水洗水を何度も活用する方法が、直列多段水洗である。また、処理物の流れ（1段→2段→ … →n段）と水洗水の流れ（n段→$n-1$段→ … →1段）が正反対になることから、「多段向流水洗」とも呼ばれる。

ここでk段目の水洗水の物質収支を考える。処理物について移動する水洗水の量（持ち込み量持ち出し量）を$\theta(L/h)$、給水によって移動する水洗水の量（給水量）を$W(L/h)$とすると、

$$C_k(\theta + W) - C_{k-1}\theta + C_{k+1}W$$

となり、ここで希釈比Aは$A = \dfrac{W}{\theta}$で定義されているから、$W = A\theta$を代入すると、

$$C_k(1 + A) = C_{k-1} + C_{k+1}A$$

となる。最終段（n段目）の槽への給水は、処理液成分をまったく含まない新しい水を用いる（$C_{n+1} = 0$）、また初段への持ち込み液の濃度は処理液の濃度（＝既定値C_0）という2つの条件でこの方程式を解くと、k段目の濃度は、

$$C_k = \frac{A^{n+1} - A^k}{A^k(A^{n+1} - 1)} C_0$$

となる。これから水洗効果Rは、

$$R = \frac{C_0}{C_n} = \frac{A^n(A^{n+1} - 1)}{A^{n+1} - A^n} = \frac{A^{n+1} - 1}{A - 1}$$

となる（解き方はコラム参照）。

(1)1段水洗

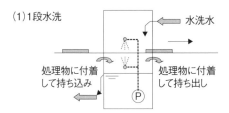

(2)多段水洗

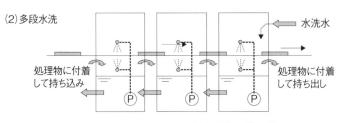

図5.34　水洗理論・説明図

　このように水洗効果Rは希釈比Aと段数nによって決まる。水洗効率を高め、少ない水でより効果的な水洗を行うためには、

　(1) 水洗段数を上げること

　(2) θを下げて$A(=W/\theta)$ を上げること

が効果的である。

Column　　**数式処理システム**

　この節であげたような方程式は、数式処理システム（Computer algebra system = CAS）で簡単に解くことができる。商用のシステムではMathematicaなどが、フリーソフトではMaximaなどがある。この場合Maximaでは、solve_recパッケージ（漸化式・再帰関係式用パッケージ）を用いて、

```
load(solve_rec);
solve_rec(C[k]*(1+A)=C[k−1]+C[k+1]*A,C[k],C[0]=C_0,C[n+1]=0);
```

```
factor(%);
```

で解くことができる（図5.35参照）。なお、ここではfactor関数（因数分解関数）を用いて、結果をまとめている。

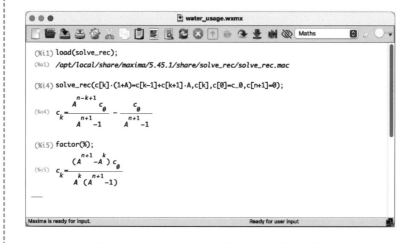

図5.35　Maximaによる多段水洗の方程式の解法

第5章　参考文献

1. Maria Georgiadou, Richard Alkire："Anisotropic Chemical Etching of Copper Foil", Part 1, J. Electrochem. Soc., Vol.140, No.5, p.1340-1347（May 1993), https://doi.org/10.1149/1.2220981

2. Paul D. Garn, Louis H. Sharpe, "Etching bath for copper and regeneration thereof", 米国特許2,964,453号, 1960年12月13日

3. Chemcut Corporation："Process Guidelines for Cupric Chloride Etching"

4. （株）電気化学システムズ・技術資料 "塩化第二銅エッチング"（2005）

5. Cai Jian, Ma Jusheng, Wang Gangqiang, Tang Xiangyun："Effects on etching rates of copper in ferric chloride solutions", IEMT/

IMC Symposium, 2nd, p.144-148（1998）, https://doi.org/10.1109/IEMTIM.1998.704541

6. W.F.Nekervis, The use of ferric chloride in the etching of copper, Dow Chemical Co., 1962

7. 上田龍二：“塩化第二鉄液によるエッチング加工”, 防食技術, Vol. 38, No. 4, pp. 231-237, 1989, https://doi.org/10.3323/jcorr1974.38.4_231

8. （株）電気化学システムズ・技術資料“塩化第二鉄液の銅エッチング”（2004）

9. 上田龍二, 朝倉祝治, 田野崎芳夫, 杉浦猛雄：“塩化第二鉄溶液のスプレーエッチング速度の解析”, 表面技術, Vol.43, No.10, p.946-951, 1992, https://doi.org/10.4139/sfj.43.946

10. Marshall Gurian：“Etching process and technologies”, Chapter 34 of Printed Circuits Handbook 6th edition（ed. Clyde F.Coombs,Jr）, McGraw-Hill, 1998

11. Edwin B. King：“Continuous Redox Process for Dissolving Copper”, 米国特許 3,705,061 号, 1972 年 12 月 5 日

12. 川村利光：“過酸化水素系の化学研磨の原理と応用”, 表面技術, Vol.57, No.11, p.768-772, 2006, https://doi.org/10.4139/sfj.57.768

13. 中川登志子, 牧俊朗：“プリント基板用マイクロエッチング液”, 電子材料, 1994 年 10 月, p.47-51

14. 秋山大作, 牧善朗：“有機酸系マイクロエッチング剤によるバイアホール断線の防止”, 回路実装学会誌, Vol.10, No.7, p.467–470, 1995, https://doi.org/10.5104/jiep1995.10.467

15. 高井健次, 田村匡史, 鈴木邦司：“ウェットエッチングによるマイクロファブリケーションとFAMによる高密度プリント配線板”, 日立化成テクニカルレポート, 52 号, p.17–22（2009 年 1 月）

16. 池田公彦：“ファイン化対応エッチングシステムの開発及び技術動向”, 第 10 回プリント配線板EXPO専門セミナー（2009 年 1 月）

17. 松井英憲, 安藤隆之, 熊崎美枝子：“首都高速道における過酸化水素積載

タンク車の爆発", 安全工学, Vol.41, No.2, p.114-118（2002）https://doi.org/10.18943/safety.41.2_114

18. 谷村裕次, 庵崎雅章, 彌富信義, 三上八州家："エッチング廃液の電解再生装置", 資源処理技術, Vol.42, No.3, p.134-137, 1995年10月, https://doi.org/10.4144/rpsj1986.42.134

19. Pill e.K. 技術資料より

20. 松本操, 中安浩二, 山川英士："ベトナムプリント基板製造工場の塩化銅廃液の製品転換技術", FUJITSU, Vol.52, No.3, p.218-224, 2001.05

21. 小林厚史, 鈴木利宏, 佐藤かおり, 窪田葉子："銅含有酸性廃液からの銅の除去回収方法及び装置", 日本特許第4199821号, 2008.10.10登録

22. 山田慶太："塩化銅廃液からの塩酸及び硫酸銅の回収方法", 日本特許第3085549号, 2000.7.7登録

23. Steven C. Meyers："Recovery of Metals Using Aluminum Displacement", EPA Project Summary, EPA/600/S2-90/032（Sept. 1990）

24. 鶴見曹達（株）塩化第二鉄液技術資料より

25. Yasuji Fujita, Hiroyuki Watanabe："Copper Recycling Technology from Alkaline Etchant", Proceedings EcoDesign '99, p.903-905（1-3 Feb 1999）

26. Sachiko Nakamura："Recycling system for spent copper surface cleaner", Transactions of the Institute of Metal Finishing, vol.78, Part.2, p.15-17, March 2000（ECWC8, 1999, Tokyoで発表）

27. 中村実, 斎藤囲, 本間秀夫, 清水隆："めっき工業におけるクローズドシステムの理論と応用", 1979

第**6**章

エッチング装置

6.1 いろいろな方式のエッチング装置

　金属を部分的にエッチング液で除去するための装置の歴史は、1920年（大正9年）前後にアメリカで作られたパドル方式（水車方式）に遡る。図6.1（a）のように槽内に溜まっているエッチング液を羽根車で被加工物にかける方式である。

　国内では、1915年（大正4年）に渋沢栄一氏の出資による米国工業視察団に参加した吉松定弥氏が、製版技術を修得したことに始まる。同氏は帰国後、製版技術の指導者として活動する傍ら吉松商会を設立し、米国から製版機械を輸入し販売した。大正13年には「吉松式腐食機」を開発して製造販売したものが国産第1号機だという。

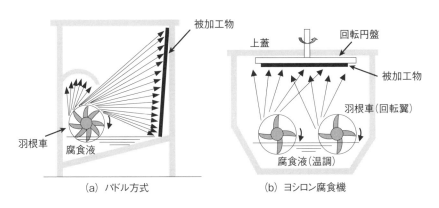

（a）パドル方式	（b）ヨシロン腐食機

図6.1　エッチング装置の歴史（1）

当時は腐食機と言って、別名「バタバタ」または「水車」の愛称で利用された。槽および羽根車は陶磁器製であり、特に羽根車は精度を必要としたので、京都の陶磁器メーカー（高山耕山化学陶器㈱）で作らせたという。パウダーレスエッチング用腐食機とも呼ばれ、エッチング液を被加工物に吹き付ける機構とエッチング液の温度調節機構が備わっている。この技術が昭和20年代まで主流であったが、塩ビ材料が出現することで、槽、羽根車とも塩ビに替わり装置も大型のものが出現した。

被加工物は立て掛けたり、上蓋側に取り付けたが、その位置によりエッチング状態が異なっていたようである。その後、精度を上げるために上蓋側に保持し回転させる方法になっていった（ヨシロン腐食機：図6.1（b））。図6.2のように、まだ現役で活躍している装置もある。

1960年（昭和35年）頃から国産の銅張積層板が作られ製版技術がプリント配線板にも利用されるようになり、羽根車ではなくスプレーノズルからエッチング液を噴射する方式も出た（図6.3）。

1962年（昭和37年）日本プリント回路工業会が創立されたことを契機にプリント配線板の生産量は増加の一途で、加えて両面板も開発され量産化への要求が高まった。1965年（昭和40年）には水平搬送型の第1号機が㈲内山製作

写真提供：有限会社宮澤エッチング工芸

図6.2　エッチング装置の歴史（2）

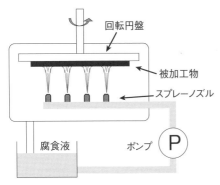

写真提供：Bates Manufacturing LLC.ウエブサイト

図6.3　エッチング装置の歴史（3）

所で製造され、朝日プリント工業㈱に納入された。穴のあいたゴムマットを連結したベルトで搬送し、上部から液をスプレーする方式であった。しかし、プリント配線板の精度の要求が高まることで、マット材質の改善やスムーズに搬送することが必要になった。そこで開発されたのが、塩ビの溶接棒をスダレ状に編んでネットコンベアとする構造であり、スプレーノズルとの距離が一定となることでエッチング精度が上がった。

　1967年（昭和42年）には生産性の高い搬送方式が開発された。これはトロリーコンベアのハンガーにプリント配線板を背中合わせに2枚取り付け、両側からスプレーする方式であった。2枚同時搬送のため生産性が高かったが、上下のエッチング精度にばらつきが大きかったため、この技術も衰退した。

　この頃から、プリント配線板の生産量が増大し、高精度が要求されたため、ますます生産性や品質だけでなく、作業性、安全性に優れた装置が必要になった。この要求に応え得る搬送機構をもったケムカット社（Chemcut Corporation）の水平搬送型の装置が大蔵省印刷局滝野川工場に導入され、これを模倣した技術が現在の水平搬送型の原点だといわれている。

　正に1960年代はプリント配線板の高精度化に応える形で進歩したエッチング装置の黎明期であったと言える。

　その後、垂直にローラーコンベアで搬送される方式やディップ（液中に浸漬

する）で処理する方式も出現したが、プリント配線板表面での液の流動がエッチング速度を支配するため、均一性と生産性を重視し、水平搬送型のスプレー方式が主流となっている。しかし、近年、配線パターンの微細化に伴い非接触搬送が要求され、特に、SAP法・MSAP法においては枠治具等にプリント配線板を固定し、垂直搬送方式にてスプレー処理する装置も多くなっている（図6.4）。

　エッチング以外でも水平搬送による加工・処理に関しては、スプレー方式がメインであるが、ディップ方式もその利点を活かして使用されている。水平搬送型のディップ方式が最初に用いられたのは超音波洗浄の分野であったが、やがてスプレーでは処理できないような発泡性の液体での化学処理、空気と接触すると酸化されて不具合が生ずる液等に応用が広まってゆき、さらには給電機構を組み込んだ電気めっき装置まで出現した。また、液にディップするだけではなく、液中にノズルを設置し、微小径の穴内に強制的に液流通をする機能まで出現した。1990年台には無電解銅めっき、電気銅めっきの一連ラインまでが、水平搬送で処理することが技術的には可能になっている。

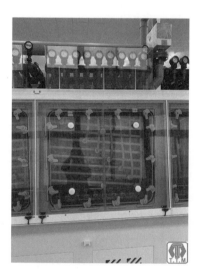

図6.4　縦型エッチング装置

図6.5　水平搬送型エッチング装置（1）

図6.6　水平搬送型エッチング装置（2）

　今日までエッチング装置は、(1) 省力化・無人化、(2) 生産性向上、(3) 高精度対応、(4) 薄板対応等の方向に沿って、改良、発展してきた。最近のエッチング装置を図6.5、図6.6に示し、これ以降は水平搬送型のスプレー方式を中心として述べる。

6.2　装置の構造

　プリント配線板（以下、パネルと呼ぶ）は回転しているローラーコンベア上を搬送され、エッチングチャンバー内において、スプレーノズルから噴射されたエッチング液にて表面の銅がエッチングされる。パネルはそのままローラーコンベアにて、次工程の酸洗処理、水洗処理等に送られる。エッチング装置お

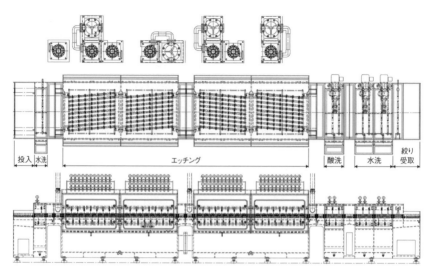

| 投入 | 水洗 | エッチング | 酸洗 | 水洗 | 絞り受取 |

図6.7　エッチングライン

および酸洗、水洗までを含めたエッチングラインの例を図6.7に示す。

　エッチング装置は、①エッチング液を貯留しておく液槽（液管理槽）と②搬送機構およびスプレー機構を持つエッチングチャンバーとで構成されている（図6.8）。

　プリント配線板製造でのエッチングにおいて、そのエッチング方法およびエッチング液の組成・温度により、耐食性および耐熱性を考慮した樹脂材料および金属材料が使用されている。

　エッチング液の温度は液種によって異なるが、50℃以下で使用されることが多いため、筐体の材料としては、PVC（ポリ塩化ビニル：塩ビ）が多く用いられる。また、それを超える液温の場合、HTPVC（耐熱塩ビ）、PP（ポリプロピレン）、FRP（繊維強化プラスチック）が使われることもある。

　シャフト、ボルト、冷却管等に用いる金属部品の材質はエッチング液によって異なる。回路形成用の主たるエッチング液である塩化銅、塩化鉄、アルカリエッチングではチタン（Ti）を用いている。一方、硫酸-過酸化水素系エッチング液および過硫酸塩系エッチング液の場合はチタンではなくステンレス

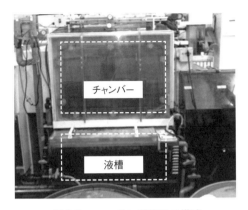

図6.8 エッチング装置の構成

表6.1 エッチング装置で使用される主な材料

金属材料

ハステロイは、Haynes International,Inc.の登録商標

記号、名称等	内 容	使用部位
SUS304	18-8SUSとも呼ばれる(Cr:18%、Ni:8%)	硫酸-過酸化水素系エッチング装置の接液部
SUS316	Ni増量、Mo追加し耐酸性向上	SUS304より耐硫酸性良好
チタン		塩化銅、塩化鉄系エッチング装置の接液部
ハステロイC	Ni、Cr、Moを主成分とする耐熱・耐食合金	フッ化水素酸を使用したエッチング

※SUS304などの記号はJIS規格JIS G4303『ステンレス鋼棒』によるものであり、海外材料を用いる場合には、別の記号が使われる可能性がある。

樹脂材料

略 号	名 称	使用部位
PVC	塩化ビニル樹脂	本体、配管
PP	ポリプロピレン樹脂	本体、配管
FRP	繊維強化プラスチック	液槽
PE	ポリエチレン樹脂	ローラー
PVA	ポリビニルアルコール	吸水ローラー
PUR	ポリウレタン樹脂	ローラー
PTFE	四フッ化エチレン樹脂	パッキン
PVDF	ポリフッ化ビニリデン	ポンプ接液部、スプレーノズル
UPE	高分子ポリエチレン	軸受け、ギヤ、スプレーノズル

(SUS304、SUS316) を用いる。

エッチング装置で使用される材料と使用部位について**表6.1**に示す。また、主要な樹脂材料の特徴を**表6.2**、金属材料の特徴を**表6.3**に示す。

表6.2　樹脂材料の特徴

略　号	熱変形温度(℃)	耐　酸	耐アルカリ性	特　長
PVC	60	◎	◎	比較的硬く、割れやすい。酸やアルカリには耐性があり、油にも浸されにくい。
PVC(耐熱)	90	◎	◎	機械的な加工性がよい。
PP	95	○	◎	最も比重が小さく耐熱性が比較的高い。機械的強度に優れている。
FRP	耐熱温度(150)	○	△	耐水性、耐薬品性、耐熱性があり、弱い機械的強度をガラス繊維によって補っている。
PE	60	○	◎	水より軽く耐水性、耐薬品性に優れる。白っぽく不透明。
PTFE	120	◎	◎	乳白色で耐熱性、耐薬品性が高く、非粘着性を有する。

耐酸性、耐アルカリ性は4段階で表示

表6.3　金属材料の特徴

名　称	濃度(%)	温度(℃)	Ti	SUS304	ハステロイC
塩化第二鉄	10	50	○	×	○
塩化第二銅	10	50	○	×	○
塩　酸	10	24	○	×	○
硫　酸	10	24	△	×	○
硝　酸	10	24	○	○	○
フッ化水素酸	5	30	×	×	△
酢　酸	10	24	○	○	○
シュウ酸	10	24	○	○	○
水酸化ナトリウム	10	24	○	○	○
炭酸ナトリウム	10	24	○	○	○
塩化アンモニウム	10	24	○	△	○

※ 薬品 / 各金属の耐食性

耐食性目安　○：0.5mm以下/年、△：1.5mm以下/年、×：1.5mm超/年

Column　各材料の特徴

（1）樹脂材料

　PVC（ポリ塩化ビニル：polyvinyl chloride）には多量の可塑剤が含まれている軟質ポリ塩化ビニルと、可塑剤を全く含まないか、わずかに含む硬質ポリ塩化ビニルがあり、両者を総称して塩化ビニル樹脂（慣用的に塩ビと呼ばれる）と言う。比重1.4で、比較的硬く、割れやすい性質がある。耐熱性は悪いが、濃度が高くない無機酸や無機アルカリには耐性があり、

油にも侵されにくいという利点がある。機械的な加工性は良く、容易に切断したり穴をあけたりすることができる。配管材として使用されるものは可塑剤が添加されておらず、安定剤と顔料を添加した硬質ポリ塩化ビニルである。標準的な材料としてVP管やVU管があるが、改質剤を添加し耐衝撃性を高めたHIVP管も使用されている。また、塩素含有率を高め、耐熱性を増したHTVP管もある。顔料は外観から材質を区別するために添加し、VPとVUは灰色、HIVPは暗い灰青色、HTVPは濃い茶色をしている。

　PP（ポリプロピレン：polypropylene）は比重が0.90〜0.91と軽く、耐熱温度は熱可塑性樹脂の中では高い。引っ張り強度、圧縮強度、衝撃強度に優れており、表面は硬く、摩擦に対しても強い。酸、アルカリに対して非常に強く、機械的加工性も良い。高温や直射日光により劣化されやすいが、酸化防止剤や紫外線吸収剤の添加により改善される。

　FRP（繊維強化プラスチック：Fiber Reinforced Plastics）は、ガラス繊維等の繊維を樹脂の中に入れて強度を向上させた複合材料であり、FRPと書いた場合、暗にガラス繊維強化プラスチックを指すこともある。主となる樹脂（不飽和ポリエステル樹脂、エポキシアクリレート樹脂等）には耐水、耐薬、耐熱等の長所があるが、機械的強度がない。そこで、機械的強度のあるガラス繊維によって短所を補っている。

(2)　金属材料

　ステンレスは、含有するクロム（Cr）が空気中で酸素と結合して表面に不動態皮膜を形成しており、耐食性が高い。不動態皮膜は5nm程のごく薄いクロムの水和オキシ酸化物が主体で構成され、硝酸のような酸化性の酸に対しては大きな耐食性を示す。硫酸や塩酸のような非酸化性の酸に対しては耐食性が劣るが、硫酸に過酸化水素等の酸化剤が混合していると耐食性を有する。一般的に使用されるのは、SUS304と呼ばれるニッケル8％、クロム18％を含有している鋼材である。それに対して、ニッケルを12％程度まで増やし、モリブデン（Mo）を2〜3％加えたものがSUS316であり、耐酸性を改善している。

チタンも表面の安定な不動態皮膜の存在によって、優れた耐食性を発揮
する。硫酸や塩酸のような非酸化性の酸に対しては、濃度や温度条件に
よっては腐食されるので注意が必要である。チタンは鋼鉄以上の強度を持
つなど大変強い物質である一方、質量は鋼鉄の約45%と非常に軽い。ま
た、アルミニウムと比較した場合、約60%程度重いものの約2倍の強度を
持つ。これらの特性の影響により、チタンは他の金属よりも金属疲労が起
こりにくい。

6.3　液　槽

　エッチング液を貯留しておく槽（液管理槽）である。エッチング液をポンプ
でスプレーノズルに送りパネルをエッチング加工し、その液は液槽に戻ってく
る。戻った液は化学反応により組成の異なる液となっているが、安定したエッ
チング加工を行うために、常に一定の液組成・液温度に調整し管理しなければ
ならない。
　液槽の配置にはエッチングチャンバーの下に液槽を置く構造（一体型）と、
離れた場所に置く別置き構造（別置き型）がある。一体型にはエッチングチャ
ンバーと同じ寸法の構造（図6.9）と液槽の一部が突き出た構造（図6.10）
がある。特に、別置き型（図6.11）は、液槽内の掃除がやりやすいことや効
率よい液の循環ができるメリットがあるが、設置スペースが大きくなるデメ
リットもある。
　液管理に必要な機器については以下の各項で詳細に述べる。

6.3.1　循　環
　6.3.2項に述べる液温度管理のための加熱用機器・冷却用機器の設置場所、
6.5.1項に述べる液組成を一定にするために新液が供給される場所は局所に集中
する。そのため、液槽内の液を同じ液組成・液温度に維持するためには、局所

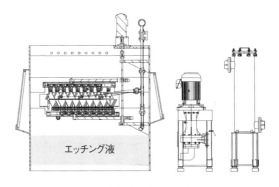

図6.9　液槽一体型

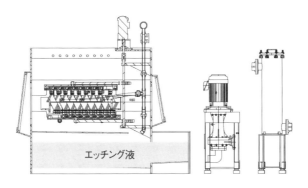

図6.10　液槽一体型（突き出た構造）

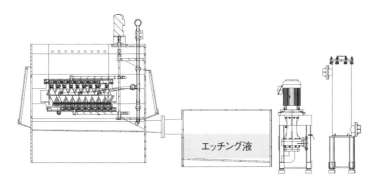

図6.11　液槽別置き型

的な変化がないように素早く液循環する必要がある。

一定時間に循環させる総液量と液槽の液量との関係から循環ポンプ能力を決定しており、循環の配管系統には、液コントローラー、サンプリングポットが設置されることが多い。

複数のエッチング装置が連結される場合は、連通管にて液槽をつなぎ、液槽間に液の流れを作ることで液組成等のばらつきをなくしている。その他の方法として、循環ポンプを2台設置したり、循環配管の吐出口を複数の液槽に分岐している。

6.3.2　温調機能

エッチング速度はエッチング液の温度にも依存するため、エッチング精度を上げるためには温度管理を十分に行う必要がある。通常、液温は測温抵抗体等の温度センサーで計測し、温度調節器からの出力により加熱用機器、冷却用機器をON/OFFすることで制御している。加熱には電気ヒーターが使用されることが多く、コイル式熱交換器やプレート式熱交換器も加熱・冷却に使用されることがある。

各機器が取り付けられた状態を図6.12に示す。

コイル式熱交換器またはプレート式熱交換器を使用して加熱・冷却する場合、熱媒体として使用する流体は蒸気・温水・冷水のいずれかが多い。

コイル式熱交換器を図6.13に、プレート式熱交換器を図6.14に示す。

6.3.3　スプレーポンプ

液槽のエッチング液をスプレーノズルへ送るのに使用するポンプは遠心ポンプが使われる。遠心ポンプの原理は、ケーシング内でインペラを高速回転し遠心力を利用することにより、モーター回転の駆動エネルギーを圧力エネルギーまたは速度エネルギーの形でエッチング液に与え、連続して揚水することである（図6.15）。

エッチング等の薬品を使用する処理では、モーター軸からの液漏れをなくした構造のシールレスポンプとして、図6.16に示すマグネットポンプが使用さ

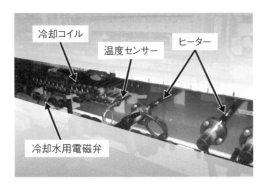

冷却コイル

温度センサー

ヒーター

冷却水用電磁弁

図6.12　液温度調節用機器

図6.13　コイル式熱交換器

図6.14　プレート式熱交換器

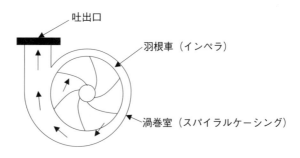

図6.15　遠心ポンプ模式図

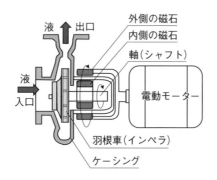

図6.16　マグネットポンプ模式図

れる。マグネットポンプの特徴はモーターシャフトとポンプ室内が完全に分離されていることである。そのため、ポンプ室内から外部に液体が洩れ出ることがなく、メカニカルシールやグランドパッキンなどの消耗品もない。しかしながら空転を行うと、ケーシング内部が高温になり、軸受け部分が溶出するか、熱変形して回転精度が保てなくなりポンプは破損してしまうため、空転には注意が必要である。

　マグネットポンプ以外に竪型のシールレスポンプも多く使用されている。それらは、図6.17のような設置方法、配管方法となる。実例を図6.18に示す。

　また、竪型ポンプの場合、図6.19のように液槽内に設置する構造もある。

　使用するポンプは、必要とするスプレー圧力、流量、設置スペース等を考慮

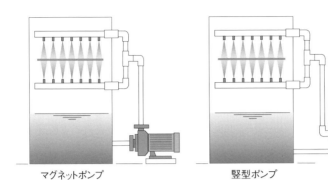

マグネットポンプ　　　　　竪型ポンプ

図6.17　スプレーポンプの設置構造

マグネットポンプ　　　　　竪型ポンプ

図6.18　スプレーポンプの実例

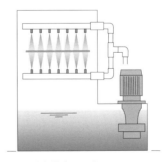

図6.19　竪型ポンプの設置構造（液槽内設置）

して選定している。エッチング液の比重およびスプレー圧力、スプレー流量を基に、圧力損失を考慮してスプレーポンプの機種選定を行う。

　スプレーポンプとスプレーノズルの配管途中には、異物がスプレーノズルに詰まるのを防止するためにフィルター（ろ過機）を設置することが多い。フィルターハウジング（容器）の材質はチタン・ステンレス・PP・PVC等があり、使用するエッチング液に耐食性・耐熱性を有するものを選択して使用する。図6.20にチタン製、図6.21にPP製のハウジングを示す。

　フィルターの形状はカートリッジ式（図6.22）やバッグ式（図6.23）が多く使用される。フィルターは異物によって徐々に目詰りを起こすため、定期的

図6.20　チタン製フィルターハウジング　　図6.21　PP製フィルターハウジング

図6.22　カートリッジ式フィルター　　　　図6.23　バッグ式フィルター

または目詰りの度合いを検出することで交換している。ポンプからフィルター
に入るエッチング液の圧力と、フィルターから出る圧力の差で目詰りを管理す
ることもある。

6.4　エッチングチャンバー

パネルはローラーコンベアで搬送され、スプレーノズルから噴射されたエッ
チング液によって表面の銅がエッチングされる。

エッチングチャンバーの構造および機器を図6.24に示し、各項で詳細に述
べる。

6.4.1　搬送ユニット（搬送機構）
(1)　搬送ローラー

搬送ローラーには、図6.25に示すような形状のものがあり、目的に応じて
使い分けている。

板厚が薄いパネル（例えば、0.1mm以下）を搬送する場合、パネルの落下防
止および安定して搬送できるようにローラーピッチを狭くし、リングローラー
同士をオーバーラップさせている（図6.26）。

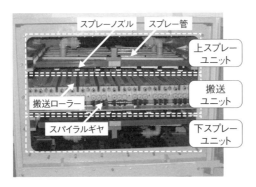

図6.24　エッチングチャンバー内の機器

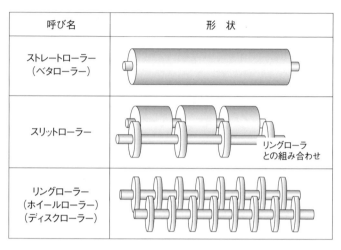

呼び名	形 状
ストレートローラー （ベタローラー）	
スリットローラー	リングローラ との組み合わせ
リングローラー （ホイールローラー） （ディスクローラー）	

図6.25　搬送ローラーの種類

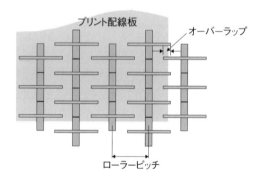

図6.26　リングローラーのオーバーラップ

　図6.27には各ローラーの配置例を示す。ストレートローラーはパネル表面の付着液を液切りする目的で使用することが多い。スプレー処理部の上流側および下流側に配置し、パネル表面に溜まっている液体が前工程または後工程に持ち込まれるのを軽減している。また、スプレーのしぶきが隣の処理部に飛散することを防止している（図6.28）。

　スリットローラーも同じ目的であり、隣のローラーとオーバーラップさせる

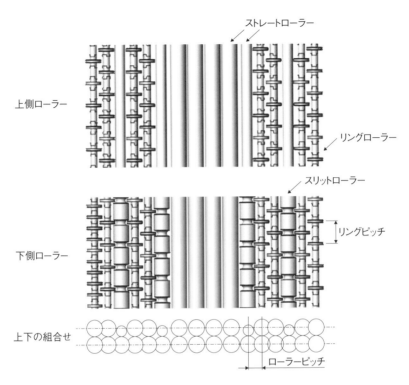

図6.27　ローラー配置の例

図6.28　ストレートローラーの配置

図6.29　リングローラーの配置（1）

図6.30　リングローラーの配置（2）

必要がある場合に使用される。パネルの上面には液が溜まっていることが多いので、下ローラーはスリットローラーでも上ローラーは小径のストレートローラーにすることがある（図6.27参照）。

リングローラー同士のずらし量（シフト量）は、図6.29のような千鳥配置の場合もあれば、図6.30のように少しずつずらす場合もある。リング部分はパネル表面を流れる液によるエッチングを阻害するため、高精度が要求されるエッチングにおいては阻害する部分を均等に振り分けることで均一にエッチングしている。

ローラーのシャフト（軸）は使用するエッチング液に耐食性のある材質を用いるが、ローラー部分の材質についても目的に合わせて、PP、PVDF、熱可塑性ゴムを使用している。

スプレー処理間または最終水洗後において、パネル上の薬液・水を効率よく除去したい場合、吸水性のあるローラーが使用される。耐酸性、耐アルカリ性が要求される部分およびローラー自体が乾燥しやすい部分等を考慮して、PVC系、オレフィン系、ウレタン系、PVA系等の樹脂を加工した多孔質スポンジローラーが使用される。

(2) ギ　ヤ

搬送ローラーへの駆動の伝達はギヤで行う。メインシャフトの駆動をローラーに伝達するには、マイタギヤ（ベベルギヤ）やスパイラルギヤが使われ

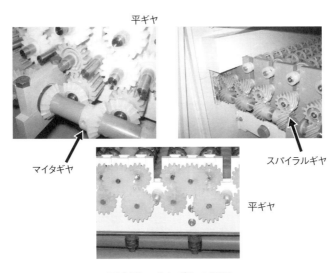

平ギヤ

マイタギヤ

スパイラルギヤ

平ギヤ

図6.31　主なギヤの種類

る。また、上ローラーも駆動させる場合は、平ギヤを使用して下ローラーから駆動をとる構造が多い（図6.31）。

(3) ロール・ツー・ロール（R to R）材の搬送方式

ロール状のFPC基板（フレキシブルプリント配線板）やCOF・TABテープのようなリール材の搬送方式はリジッド基板とは異なる。製品がロール状（連続した材料）であるためローラー間で落下することはなく、ローラーピッチは大きく、主にストレートローラーが使用される（図6.32）。

また、FPC基板は基板幅が小さいもの（250〜300mm）が多いため、エッチングチャンバー内に別駆動で並列に2台のコンベアを配置する構造も多い。この構造の場合、エッチングスプレーは2列個々に制御し、異なる製品を異なる搬送速度で処理することが可能である（図6.33）。

6.4.2　スプレーユニット

パネル寸法が大きくなるとパネル上面の中央部にはエッチング液が溜まりやすくなり、その部分のスプレー打力が減少するためエッチング速度が小さくな

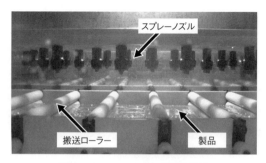

図6.32　R to R材の搬送機構

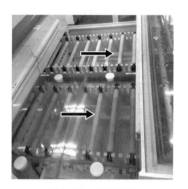

図6.33　2列駆動

　る。このように、パネル面内でのエッチング速度にばらつきが生じるとパターン幅精度にもばらつきが生じる。

　この上面中央部に溜まるエッチング液を排除する機構として、その概要および構造の一例を以下に示す。

　　（1）スプレー管を首振り（スイング）する… 図6.34、図6.35

　　（2）スプレー管を水平に揺動する… 図6.36、図6.37

　　（3）スプレー管を回転する（ロータリー方式）… 図6.38

　以上は液溜まりを排除するためにエッチング液の流れを変化させる方式である。

　さらに面内ばらつきを低減する方法として、エッチング液が溜まる前にパネ

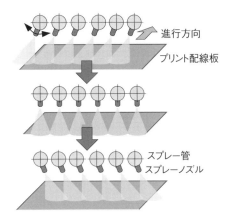

図6.34 エッチング液排除機構（1）…首振り方式

図6.35 首振り方式の実例

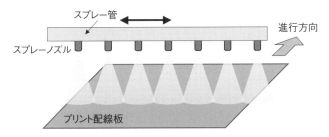

図6.36 エッチング液排除機構（2）…水平揺動方式

図6.37　水平揺動方式の実例

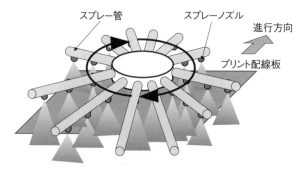

図6.38　エッチング液排除機構（3）…ロータリー方式

ル上面の液を吸引する機構を組み込んだシステムもある（バキュームエッチング：6.7.1項参照）。

　他に面内ばらつきを小さくする方式として、ノズルからの噴射を個別にON/OFFさせてパネル中央部のみ選択的にエッチングし改善する方法も取られている（図6.39）。

　また、上下面でのばらつきを改善する方法として、エッチングが半分終了した位置に反転機を設置し、パネルの上下を反転させる方法もある（図6.40）。

6.4.3　スプレーノズル

　エッチング装置に要求される性能は、パネル全体に渡って均一にエッチング

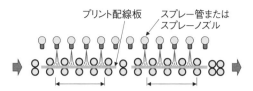

プリント配線板の位置を計算し、液溜まりの多い中央部のみにスプレーされるようスプレー管またはスプレーノズルを個別制御する。

図6.39　面内ばらつき低減方法…ノズル個別制御

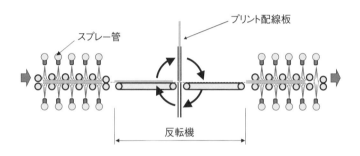

図6.40　上下面ばらつき低減方法…反転機構

することであり、エッチング液を均一にスプレーするためにスプレーノズルも重要な部品となる。エッチング性能を決定付けるスプレーノズルに関連する特徴として次のような項目がある。

（1）スプレーパターン

　スプレーノズルには、図**6.41**のようなスプレーパターンがあり、充円錐ノズル（フルコーンタイプ）、扇形ノズル（フラットタイプ）が多く使用される。また、スプレーパターンは、スプレー圧力を低圧から次第に昇圧していくと図**6.42**のように変化する。

　スプレー角度は噴射したエッチング液が広がる角度、スプレー幅は噴射したエッチング液がパネルに当たる部分の広がり幅を示す（図**6.43**）。それらと、スプレーノズルの取付けピッチおよびスプレーノズル先端からパネルまでの距離を最適化させる必要がある。スプレーノズルのねじれ角精度もエッチン

タイプ	充円錐 (フルコーン)	空円錐 (ホローコーン)	扇　形 (フラット)
形　状	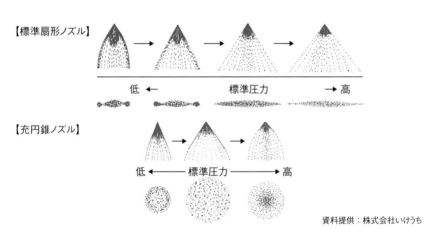		

図6.41　スプレーパターン

【標準扇形ノズル】

低 ← 　　　標準圧力　　　 → 高

【充円錐ノズル】

低 ←──── 標準圧力 ────→ 高

資料提供：株式会社いけうち

図6.42　スプレーパターンの変化

グ均一性に与える影響が大きいので、取り付け時には注意が必要である（図6.44）。

(2) 圧力、流量

　スプレー圧力はポンプとスプレーノズルの配管途中に設置するバルブの開閉量で調整する方法と電気的に制御する方法がある。

　エッチングスプレーポンプ等の主要なポンプは、モーターの回転速度をインバーターで制御することが多い。タッチパネル画面またはインバーター本体で周波数を変更することにより容易に精度良く圧力調整することが可能である。

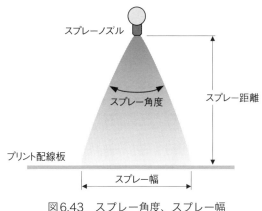

図6.43　スプレー角度、スプレー幅

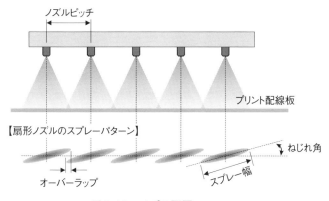

図6.44　ノズル配置

　また、ポンプ吐出側の配管に圧力センサー（図6.45）を設置することで、設定した圧力になるように自動的に周波数を増減し圧力制御するシステムもある。

　スプレー圧力は、隔膜式圧力計（受圧部に液が接触しないように隔膜で仕切った構造）で確認することが多い。圧力の表示は図6.46のようなアナログ式（針式）や図6.47のようなデジタル式がある。

　エッチングは圧力計による圧力管理だけでなく、流量計を設置して流量管理

図6.45　圧力センサー

図6.46　アナログ式圧力計

図6.47　デジタル式圧力計

することもある。スプレー流量はノズルの穴径（オリフィス径）、液比重、圧力と関係があり、基本的に圧力の平方根に比例する。

　流量管理はスプレー配管内にセンサーを挿入して測定する方法と、配管の外側に取り付け超音波の伝播時間差を利用して測定する流量計がある（図6.48）。

（3）流量分布

　スプレーパターンの幅方向における流量を表し、図6.49のように凸型分布（山型分布）、台形分布（均等分布）等がある。凸型分布を持つ扇形ノズルを複数個配置する場合、図6.50のようにパネル全体に渡って均等になるようにスプレー角度、ノズルピッチ、スプレー距離、オーバーラップ量を最適化して配置する構造もある。

図6.48　超音波を利用した流量計

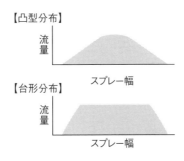

図6.49　ノズルの流量分布

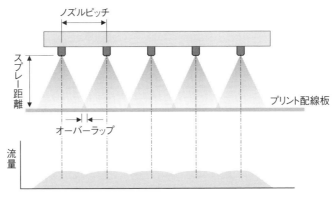

図6.50　均等な流量分布を得るための要素

(4) 打　力

　スプレーノズルから噴射したエッチング液がパネルに衝突するときの強さが打力である。エッチング速度を決定するのはエッチング液の流動であり、打力はパネルの表面におけるエッチング液の流動を決定する因子となる。打力は圧力、流量と比例関係にあり、スプレー距離の二乗に反比例し、エッチング速度およびエッチファクターに関係してくる。

　スプレー角度が大きいほど、また、スプレーカバー域が広いほど打力は小さくなる。図6.51のようにノズルの種類（スプレーパターン）との関係でもわかる。

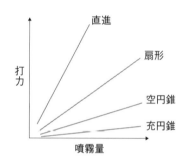

資料提供：株式会社いけうち

図6.51　ノズルの種類と打力の関係

(5) 粒子径

　スプレーされた液滴の粒子径はノズルの種類、オリフィス径、圧力、流量等の条件により変化し、エッチング速度やエッチファクターに関係する。

　気体と混合して使用する二流体スプレーノズルのほうが一流体スプレーノズルよりも微粒化できる（図6.52）。二流体ノズルにおいて、気体流量とスプレー流量（液流量）の比を気水比と呼び、気水比が高いほど粒子径は小さくなる。

　図6.53に平均粒子径の算出方法の例、図6.54に粒子径の測定方法を示す。

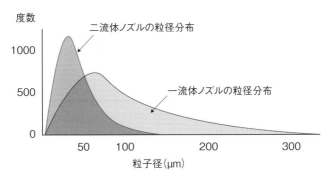

図6.52　ノズル種類による粒径分布の違い

ザウター平均粒子径算出例

範囲(μm)	中央値(μm)	個数n	nd^2	nd^3
0-100	50	1664	4160000	208000000
100-200	150	2072	46620000	6993000000
200-300	250	444	27750000	6937500000
300-400	350	161	19722500	6902875000
400-500	450	73	14782500	6652125000
500-600	550	35	10587500	5823125000
600-700	650	17	7182500	4668625000
700-800	750	4	2250000	1687500000
	計	4470	133055000	$3.987275×10^{10}$

$$d_{\overline{37}}=\frac{\Sigma nd^3}{\Sigma nd^2}=299.6711886=299.67\mu m$$

一般的には、次の3つの平均値が用いられる。

● ザウター平均粒子径($d_{\overline{32}}$) ………………… $\Sigma nd^3/\Sigma nd^2$

● 平均体積粒子径($d\overline{v}$) …………………… $(\Sigma nd^3/\Sigma n)^{1/3}$

● マスメジアン粒子径($D_{V.5}$) ……………… $f_0^{Dv.5}dv/v=$

$f_{Dv.5}^{\infty}dv/v=50\%$

数多い小粒子より、数少ない大粒子によってエッチング性能が左右されることが多いため、ザウター平均粒子径を噴霧粒子群の代表値とするのが好ましく、多用されている。

資料提供：株式会社いけうち

図6.53　平均粒子径

測定方法		基本原理と特徴	粒子径測定適正範囲
液浸法		シリコンオイルを厚めに塗布したプレートグラス上に霧を受け止め、素早く拡大写真を撮影し、できあがった写真からサイズごとに粒子数をカウントする方法です。 この方法は、実際に粒子を捕集し測定するため測定条件（距離、粒子密度等）の影響を比較的受けにくく、またオイル中に浮くので真円の状態で測定が可能です。 但し、オイルの表面張力を破ることができない超微粒子はすべてオイル表面で蒸発してしまうため、液浸法で測定した微霧や超微霧の平均粒子径は実際よりもかなり大きく表れます。 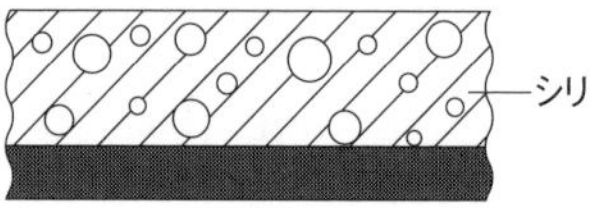 シリコンオイル	10～ 5000μm
レーザー法	フランホーヘル回折法	レーザー光路上に噴霧粒子が存在すると、レーザー光線は、粒子表面で散乱し、散乱光の干渉によりその後方に回折像を結ぶことを応用したものです（フランホーヘルの回折）。 この方法は、レーザー光の通路上に存在する粒子すべてを同時に測定することが可能ですが、粒子密度が高い場合は、一度散乱したレーザー光が別の粒子により再度散乱される現象（多重散乱）が生じ、実際の平均粒子径より小さく表れることがあります。 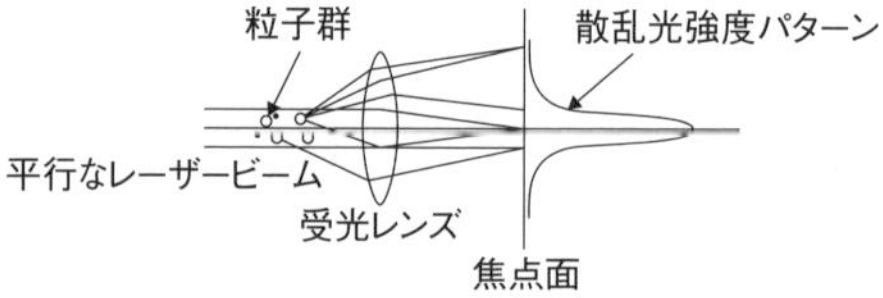 粒子群　　散乱光強度パターン 平行なレーザービーム 受光レンズ 焦点面	1～ 1000μm
	ドップラー法	2本のレーザー光を交差させ、干渉縞を形成させる。 この干渉縞を通過した粒子により生じた散乱光を一定距離離れた複数の受光器で感知した時の位相差により、粒子径を算出する方法です。 この方法は、一つ一つの粒子を測定するため、粒子密度の影響を比較的受けにくく、かつ粒子の速度も同時に測定できる利点があります。ただし、噴霧のポイントでの測定になります。 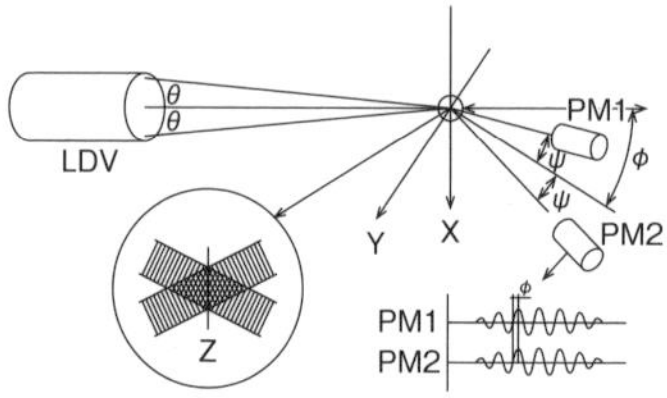 LDV　PM1　PM2 Y　X Z PM1 PM2	0.5～ 2500μm

資料提供：株式会社いけうち

図6.54　粒子径の測定方法

6.5 エッチング液管理システム

　エッチングにより銅が溶解することでエッチング液の組成が変化し、エッチング速度が変動する。狙い通りのパターン幅を安定して得るためには、一定の液組成を維持することが重要になる。

6.5.1　自動補給システム

　一定の液組成を維持するためには、薬液を定期的に補給する必要があり、図6.55に示すような常時補給、分析補給を併用した液管理が重要となってくる。パネルの処理量に比例した常時補給と、エッチング液分析装置で測定した結果をもって薬液等を補給する分析補給について述べる。

（1）常時補給

　パネルの処理量に比例して補給する方法であり、次の方法がある。

・枚数カウント法

　エッチング装置入口に設けたセンサーでパネルを検出、カウントし、設定枚数毎に薬液を補給する方法であり、一般的に用いられている補給方法。

・面積簡易計測法

　エッチング装置入口に設けたセンサーで、基板の通過時間、幅等を検出し面

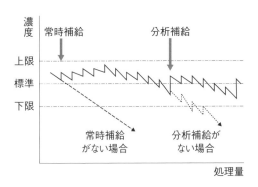

図6.55　薬液補給方法と管理精度の関係

積を計算して、それに比例した量を補給する方法である。

（2）分析補給

　エッチング液分析装置（6.5.2項参照）で測定した結果から計算された量の薬液を補給する方法であり、現在のエッチング液制御の主流になっている。

　塩化銅エッチングでは水・塩酸・酸化剤（過酸化水素等）、塩化鉄エッチングでは水・塩酸・塩化第二鉄の新液、アルカリエッチングではアンモニア水・専用補給液を補給し、液管理するシステムとなっている（図6.56）。

（3）補給システム

　補給槽および補給ポンプで構成され、前項における補給信号により定量ポンプ（ダイヤフラムポンプ）にて薬液を補給するシステムが多い。また、正規の補給量となっているか定期的に確認するための校正槽を設置する場合がある（図6.57）。

6.5.2　エッチング液分析装置

　液組成を安定化するためには常時、液組成を分析することが重要である。どのような方法でどの成分を測定しているのか、また、精度良く測定可能なのかを調査し、必要とする管理範囲に維持するために十分な精度の分析装置（液分析装置の例：図6.58）を使用する必要がある。

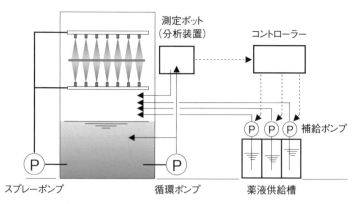

図6.56　エッチング液管理システム

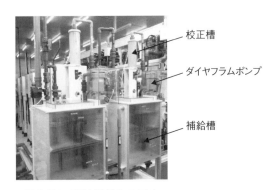

図6.57　薬液補給システム

図6.58　エッチング液分析装置

　サブトラクティブ法における回路形成用の塩化銅（塩化第二銅）エッチング、塩化鉄（塩化第二鉄）エッチング、アルカリエッチングで使用する代表的な液分析装置の測定成分および測定方法を以下に示す。

（1）塩化銅エッチング液

①塩酸濃度…電気伝導度測定

　イオン濃度とエッチング液の電気伝導度が相関関係にあることから、電気伝導度を測定し塩酸濃度としている。コイルに交流信号を与えることにより、イオン濃度に比例し発生する電磁誘導電流を検出している。

②比重測定

　比重センサーはフロート方式による比重測定が多く、変換器として精密天秤用のロードセルが使用されている。比重が大きくなると浮力が大きくなりロードセル負荷は軽くなる。このロードセル負荷を比重に換算している。

③塩化第一銅濃度…ORP（酸化還元電位）、電解電流値

　第一銅の濃度が高くなるとエッチング速度は小さくなるため、重要な管理項目の一つとなる。従来はORP（5.2.1項（2）参照）で測定していたが、コントロールが極めて難しい。これに代わる感度の良い方法として次の方法が開発されており、この値は、塩酸濃度、温度、比重によって変動するため補正処理を行っている。

- ポテンショスタット（定電位電解装置：5.2.1項（2）参照）を内蔵し、設定した電位で流れる電流値が溶解している第一銅イオン濃度に比例することを利用し、第一銅濃度と相関関係にあるエッチング速度として測定する方法。
- 対極（正極）にカーボン、作用極と基準極を兼ねた負極に比較電極の替わりに銅棒を用いて、電解電流から第一銅濃度を検出する方法。このときの電位差をこれと相関関係にあるエッチング速度として測定している。

（2）塩化鉄エッチング液

①塩酸濃度…ガラス電極

　電気伝導度測定による制御以外に、鉄イオンの混在による影響を考慮した次のような方法がある。それは、ガラス電極が水素イオン濃度の活量を測定するのに有効なため、同センサーを用いて塩酸濃度を測定する方法である。

②比重測定

　塩化銅エッチング液と同じ方式での制御が多い。

③塩化第一鉄濃度…ORP（酸化還元電位）、電解電流値

　第一鉄の濃度が高くなるとエッチング速度は小さくなるため重要な管理項目の一つとなる。塩化銅エッチング液と同じ方式での制御やORP測定がある。

（3）アルカリエッチング液

①アンモニア濃度…pH計

　pHを測定し管理範囲を下回っていた場合、アンモニア水などを補給する。

②銅濃度…比重測定、光学測定

　比重センサーは一般にフロート方式による比重測定で、一定値でのON/OFF制御や変換器として精密天秤用のロードセルを使用する場合がある。また、吸光度測定法にて銅濃度を測定し比重測定と併用するシステムもある。

（4）その他の方法

　（1）項、（2）項に示した方法以外で塩化銅エッチング液および塩化鉄エッチング液の測定方法について紹介する。

①吸光度（濁度）による塩化銅エッチング液の分析

　Keith Oxfordによって提唱され（米国特許4,060,097号、1977年11月29日）、米国Oxford V.U.E. Inc.によって液管理装置として実用化されている。

　補充液は、酸化剤（塩素酸ナトリウム等、NaCl含有）、塩酸としてHCl（あるいはHCl+NaCl溶液）の2種の液を用い、濁度が高くなったとき、各液を交互に少量添加し、添加により液の濁度が低下（改善）するどうかを検知して、低下する場合には、その液を補充するという動作をする。結局、濁度の原因である水酸化銅あるいは不溶性の塩化第一銅が液中に増えないように試行錯誤で補充管理をしていることになる。

②中和滴定による塩化銅エッチング液の分析

　水酸化ナトリウムにて中和滴定を行い、pHが変化したときの滴定量から塩酸濃度と第二銅濃度を求める（図6.59）。測定すべき成分を直接測定する方法であるため精度面での信頼はあり、ORP測定を併用することで酸化剤の管理も行うことができる。

③滴定を併用した塩化鉄エッチング液の分析

　別々の滴定法にて、第一鉄、第二鉄、塩酸を分析し、銅濃度を光学的に測定する。比重、温度は常時測定であるが、滴定分析はタイマー設定による定期測定となる。

図6.59　中和滴定による塩化銅エッチング液分析装置

6.6　自動化への対応

　自動化の目的としては、生産性向上、品質向上、履歴管理、安全管理等がある。デジタルセンサーを使用し、センサーから得られたデータを活用することで運転状態の管理が容易になり、IoTへの対応も可能になる。

6.6.1　履歴管理とトレーサビリティ

　図6.60のように、バーコード・QRコード等からの情報入力および日時、ロットNo.、処理数、処理条件、異常発生等の運転状態をPCに取り込むことで、そのPCまたはLANにより集中管理・遠方管理ができ、生産管理・履歴管理が可能となる。

　各ロットの処理条件および運転状態を記録しているため、不良が発生した場合の波及範囲を特定できる。

6.6.2　品質向上

　品質を安定させるためには、スプレー圧力・液温・液組成の管理および装置のメンテナンスを十分に行わなければならない。

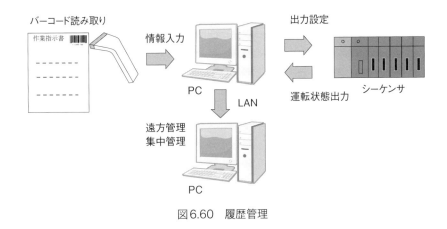

図6.60　履歴管理

（1）エッチング時間

　管理すべきエッチング条件として、エッチング時間がある。これは、チャンバー長、搬送速度で決まるが、スプレー圧力や液組成でも変動する。パネルの銅厚およびパターン仕様（L/S）に対応して、使用するチャンバー、搬送速度および圧力等をレシピ登録しておき、運転時に読み出すことで該当する条件が自動設定されるシステムがある（図6.61）。

　銅厚およびパターン仕様の認識は次の方法がある。

　　①指示された値を作業者が入力する。

　　②バーコード等をリーダーで読み取る方法。

　　③ロット毎に基板を入れたトレイ等に付与されたバーコード等を自動で読み取る方法。

　　④基板毎に付与されたバーコード等を自動で読み取る方法。

　これにより該当する条件が読み出され、次のように制御される。

　　①使用するチャンバーのスプレーポンプをON/OFFする。

　　②搬送速度はコンベアモーターをインバーターで制御する。

　　③圧力はスプレーポンプのインバーターで制御する。

（2）パラメータの管理

　安定生産のために管理すべきパラメータとして、スプレー圧力・液温・液組

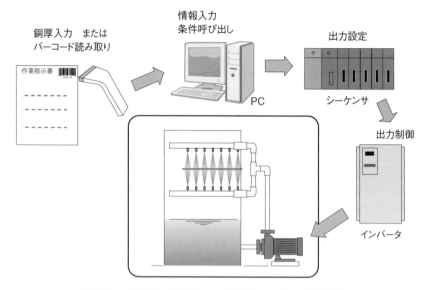

図6.61　銅厚およびパターン仕様入力による自動制御

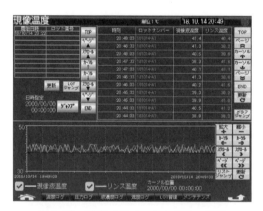

図6.62　管理パラメータのグラフ表示

成等がある。それらの値をリアルタイムでグラフ化することで監視するととも
に、その変動を捉えることができる（図6.62）。

　管理範囲を超えて異常値になった場合も、わかりやすく、グラフ上で異常発

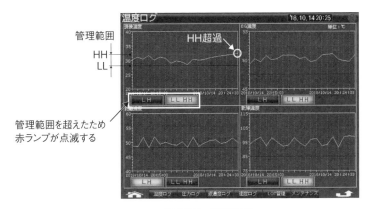

管理範囲

HH

LL

HH超過

管理範囲を超えたため
赤ランプが点滅する

図6.63　異常表示

生状況を表示させることもできる（図6.63）。また、各異常の発生回数を集計
して、重点管理することで予防保全に役立てることもできる。

(3) 装置のメンテナンス

　装置を構成している部品、機器類は、長年の使用により磨耗または故障が発
生し正常な動きをしなくなってくる。それらの異常は急に起こることもある
が、日頃の保守点検を確実に実施することで、異常の兆候を感じとり対処する
ことで品質維持に努めることが重要である。

　エッチング装置における保守点検で重要な部位は、搬送系とスプレー関連で
ある。搬送系については、日常の点検だけでは不十分であり、定期的な点検お
よび部品交換が必要である。ローラーのノッキング、浮き上がり等の症状以外
に、製品の蛇行、重なり、折れがあった場合も異常箇所を念入りに調査・修復
する必要がある。特に、軸受やギヤの磨耗は必ず発生し、同じ形状の部品で
も、液のかかり方や負荷のかかり方により磨耗の度合いが異なるため、部位ご
との管理が必要となる。

　スプレーについては、ノズル詰まり、ノズル緩みが発生する可能性がある
が、目視での確認は難しいので、フットマーク（2.4節（4）参照）で定期的に
確認するのが良い。

　これら以外に、圧力、流量等の作業条件や液漏れ、ポンプ異音等の点検が必

要であるが、点検部位、点検方法、点検頻度を明確にして、チェックシートを使用することで確実に実施することが必要である。使用年数が長くなると、磨耗や故障が多くなるので点検頻度の見直しも必要となる。また、装置メーカーに依頼したほうが良い内容もあるため、その実施区分を明確にして予防保全としての点検、部品交換を計画的に行う必要がある。

6.6.3　前後工程とのつながり

エッチング装置は、それだけが単体で使用されることは少なく、その後に酸洗、水洗、乾燥等が連結されてエッチングラインとなっている。また、サブトラクティブ法の回路形成では、エッチングラインの前後にも連続した工程の装置が連結されることが多い。それは、1.1.6項で述べたように、パネルめっき法の場合はDESライン（レジスト現像・エッチング・レジスト剥離＝Developing・Etching・Stripping）として構成される（図6.64、図6.65）。

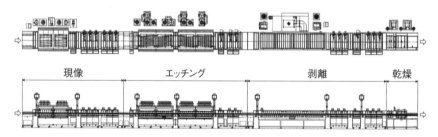

図6.64　DESラインレイアウト図

図6.65　DESライン実機例

238

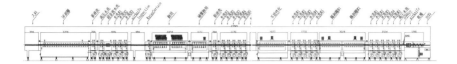

図6.66　SESラインレイアウト図

また、パターンめっき法の場合はSESライン（レジスト剥離・エッチング・錫剥離＝Stripping・Etching・Stripping）として構成される（**図6.66**）。

6.7 高性能エッチング装置の実例

6.7.1　バキュームエッチング

　エッチングはサブトラクティブ法の回路形成における最も重要な工程である。配線ピッチの微細化が進むにつれ、新たな製造技術が要求されている。特に、パネルが大きくなるとエッチング液が上面中央部に溜まりやすくなり、中央部のみエッチング速度が小さくなる結果、パターン幅の均一性が低下する。中央部にエッチング液が溜まらないように常時吸い取ることで均一性を向上させる技術がバキュームエッチング技術である。

　装置名を「スーパーエッチング（㈱ケミトロンの商品名）」と言い、その概要を図6.67に示す。

　パネル上面中央部の液を吸い取るための吸引ポンプを有し、そのポンプにより、液はエジェクター（ベンチュリ効果を用いた機器）を通過して循環する。エジェクターの一端は吸引バーに接続され、パネル上面の液を吸引している。スプレーから噴射されたエッチング液は、常に液溜まりのないパネル表面に当たるので、エッチングは効率良く進み、パネル全面に渡って均一なエッチングが行われる。その結果、上面のエッチング均一性およびエッチング速度が下面と同様レベルまで向上する。

　図6.68のようにスプレーノズルの両側に吸引バーを配置し、スプレーした

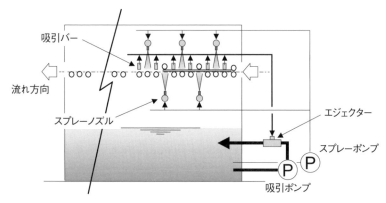

図6.67　スーパーエッチングの概要

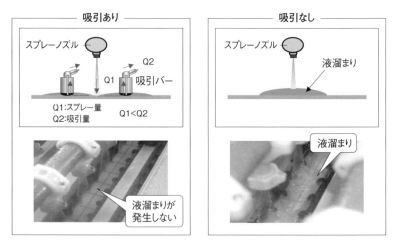

図6.68　吸引部分の構造および効果

　エッチング液をパネル上面から吸い取る構造としている。スプレー液量に対して十分な吸引量とすることで、パネル上面に液溜まりは発生しない。

　70μm銅箔の両面銅張積層板を35μmまでエッチング（ハーフエッチング）したときのエッチング均一性を従来工法と比較し、図6.69に示す。

　スーパーエッチングでは、上面のエッチング均一性が下面と同レベルまで向

図中の数値は均一性

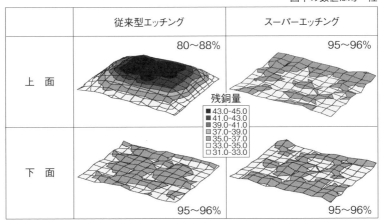

図6.69　ハーフエッチング精度（従来工法との比較）

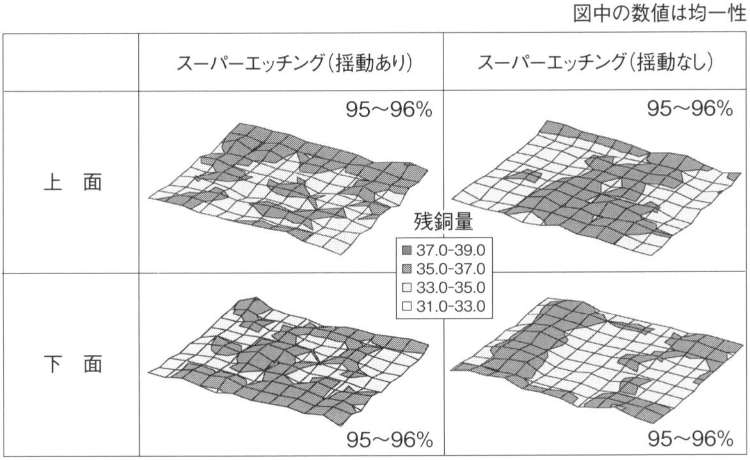

図中の数値は均一性

図6.70　ハーフエッチング精度（揺動有無での比較）

上していることがわかる。また、スプレー揺動の有無によるエッチング均一性
を比較したものを図6.70に示す。スーパーエッチングでは、スプレーノズル
の配置および搬送ローラーの配置を工夫しており、揺動機構がなくても高い均

一性が得られる。

　図6.71には、銅箔厚とパターン幅精度の関係を示しており、スーパーエッチングを使用することで微細パターンでも高精度にエッチング可能である。

　また、スーパーエッチングの優位性はエッチング均一性だけではない。液溜まりの解消により上面のエッチング速度が大きくなり、上下のスプレー圧力差をなくすことで従来方式の1.2～1.3倍にエッチング速度が向上し、特に厚銅

銅　箔	L/S	σ（標準偏差）							
		1.0	2.0	3.0	4.0	5.0	6.0	7.0	8.0
18μm	20/20								
	30/30								
	50/50								
35μm	50/50								
	75/75								
70μm	100/100								

従来方式で
は製造不可

■ スーパーエッチング
▨ 従来方式エッチング

図6.71　銅箔厚とパターン幅精度

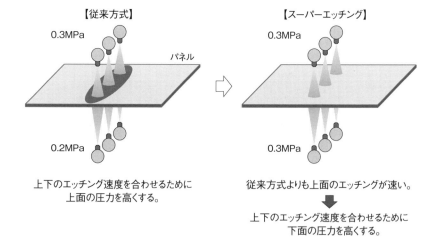

【従来方式】

0.3MPa

パネル

0.2MPa

上下のエッチング速度を合わせるために
上面の圧力を高くする。

【スーパーエッチング】

0.3MPa

0.3MPa

従来方式よりも上面のエッチングが速い。
⬇
上下のエッチング速度を合わせるために
下面の圧力を高くする。

図6.72　生産性向上

基板エッチングの生産性向上を実現している（図6.72）。

6.7.2　二流体エッチング

　HDI基板、パッケージ基板だけでなく多くの製品の配線ピッチが微細化しており、同時にパターン幅精度が重要になっている。そのためには、エッチファクターを上げることが不可欠となる。その目的で開発したのが二流体ノズルを使用してエッチングを行う工法であり、装置名を「ハイパーエッチング（㈱ケミトロンの商品名）」と呼んでいる。それは図6.73のように、前半は一流体ノズルにてエッチングを行い、後半は二流体ノズルにてエッチングを行う構成にて特許化されている。

　一流体ノズル併用ではなく、すべてのスプレーを二流体ノズルで構成することも可能であるが、使用するエアー量が膨大なものになり、そのミストを処理する装置および環境への負荷を考慮して、最適な二流体比率に設定している。

　一流体ノズルと二流体ノズルを同じ圧力でスプレーした例を図6.74に示す。二流体ノズルを使用すると、同じ条件下において一流体ノズルよりも微粒化されている。

　ハイパーエッチングにて微細パターンをエッチングした場合、図6.75のように高いエッチファクターが得られる。また、厚銅においても図6.76のようにエッチファクターが向上している。

　サブトラクティブ法でのパターンエッチングの方法として、従来からのスプレー方法（Conventional）とスーパーエッチングおよびハイパーエッチングを

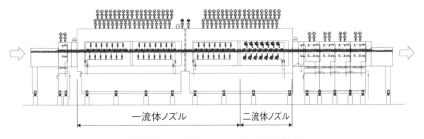

一流体ノズル　　二流体ノズル

図6.73　ハイパーエッチングの構成

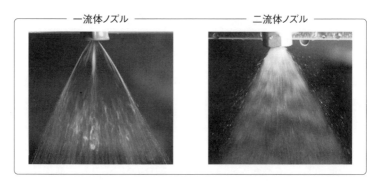

一流体ノズル　　　　　　　　　二流体ノズル

図6.74　二流体ノズルによる微粒化

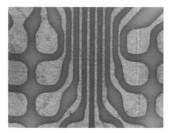
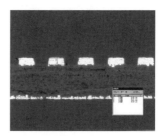

14μm銅、L/S=20/20　　　　　　　12μm銅、L/S=30/30

図6.75　ハイパーエッチングによる微細パターン形成例

比較した（**図6.77**）。スーパーエッチングおよびハイパーエッチングを使用することで、より高精細パターンの形成が可能であることがわかる。

　今後のHDI基板およびICサブストレート（基板）における更なるファイン化に対応すべく、ハイパーエッチングの性能向上だけでなく、新規構造の開発を進めていく。

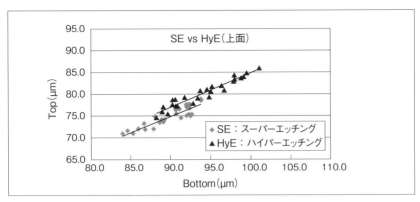

70μmCu、L/S=95/125

図6.76 ハイパーエッチングによる厚銅エッチング

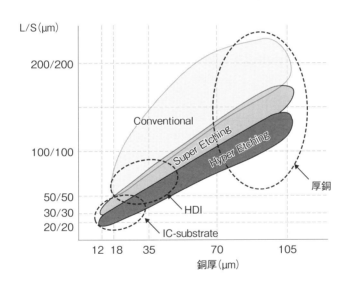

図6.77 サブトラクティブ法での適用範囲

第7章

リードフレームにおける
エッチング技術

7.1 半導体パッケージ用サブストレートの進化

　半導体パッケージのサブストレートとしてその初期から現在に至るまで最も大量に用いられ、半導体産業を陰で支えてきたのが金属の薄板を加工したリードフレームである。

　1960年代前半に日本でも半導体が試作されるようになったときにもエッチングによるDIPタイプのリードフレームが用いられていた。その後1980年ころまではプリント基板にリードを挿入し、裏面からはんだ付けする実装が主体で、デザインも限られていたため、量産にはスタンピング（プレス機による打ち抜き加工）、少量産あるいは試作はエッチング、という役割分担がリードフレームには出来上がっていて、寸法が標準化されたオープンフレームも存在していた。

　リードフレーム産業が急速に拡大したのが1985年前後からの10年間である。パソコンの市場拡大と表面実装技術の確立により、TSOPやQFPといった技術的な難易度の高いもののニーズが急速に増加したためである。特に多ピン・ファインピッチのQFP用リードフレームは当時のスタンピング（プレス）加工技術では限界に近く、製造にコストがかかりすぎたため、エッチングリードフリームが主体となり、ビジネスの観点からもエッチングリードフレームが注目され始めた。

　1990年代後半になると携帯ビデオ用に多くのCSP（Chip Size PackageあるいはChip Scale Package）が開発され、リードフレームタイプの小型パッケージとしてQFNが開発された。このQFNにはエッチング加工の特徴であるハー

フエッチング技術（プリント配線板とは意味が異なる、7.2節（2）参照）が有効に利用され、微細なめっきエリアに精度良く部分めっきを施すために電着レジストによるマスキング技術もリードフレーム製造に用いられるようになった。

　2000年頃には金属基板上に電鋳＝EF（Electro Forming）で端子となる電極を形成し、パッケージングを行うタイプのQFNを製造するプロセスも完成していて、フォトファブリケーション（フォトレジストを用いた微細加工の総称）技術を応用したパッケージも増えている。

　例えば現在（2020年）生産数は減っているが、富士通が開発し、量産に成功したBCC（Bump Chip Carrier：富士通の商標）のようにリードフレームを一種の治具のように使うこともある。BCCとはリードフレームの製造装置、プロセス、材料を用いて銅合金上にめっきバンプを形成し、通常のパッケージングプロセスと同様にダイアタッチ、ワイヤーボンディング後、樹脂封止し、そのあとで、基板となっている銅材をアルカリエッチングで除去することでパッケージング工程が終了する軽量小型のパッケージで、携帯電話などに使用されているものである。

　ここでのエッチングではハーフエッチングによるバンプの寸法と断面形状の制御が大切になる（図7.1）。

　また携帯電話やスマートフォンの進化において重要な役割を果たしているのがFine Pitch BGAである。このパッケージのサブストレートはリジッド基板であり、プリント配線板の工程でつくられる。リードフレームより微細な配線が可能で、モジュール化も容易であり、軽量・小型・薄型・高機能化という目的を満たす、優れたパッケージである。

　半導体チップの微細化と高機能化についてはムーアの法則（1965年に自らの論文上で唱えた「半導体の集積率は18か月で2倍になる」）という有名な経験則があり、ある程度この法則に沿った形で進化してきた。

　しかしSiなどの分子構造からくる物理限界に微細化が近づいていて、新たな高機能化として考えられているのがヘテロジニアスインテグレーションという考え方である（図7.2）。こうした最先端のCPU半導体パッケージに用いられるのは、20層前後まで多層化されたリジッド基板であり、その内部構造や

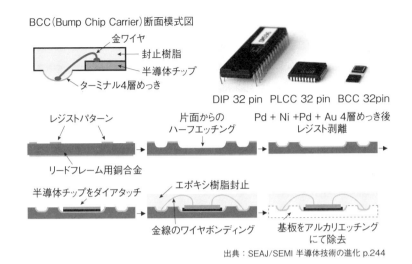

図7.1　BCC製造プロセス模式図

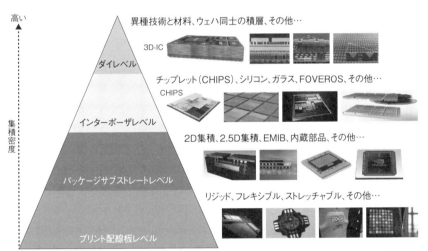

図7.2　ヘテロジニアスインテグレーションの階層

半導体チップとの接続技術も新しい材料と高精度化が求められている。

　半導体のパッケージではウェハから直接パッケージを作るWafer Level Package（WLP）は2000年代に入ると携帯電話・スマホに大量に用いられ、TSMCが開発したInFO WLP（Integrated Fan Out WLP）はApple iPhone 7以降のApplication CPU A-シリーズにDRAMとPackage on Packageとして搭載され有名となった。FOWLPスマホ用PMIC（Power Management IC = 電源管理用IC）にはよく用いられているパッケージである。さらにより大きなサブストレートを用いるPLP（Panel Level Package）も開発されている。これらのプロセスにもフォトレジストを用いたフォトファブリケーション技術が用いられる。

7.2　エッチングリードフレーム製造標準プロセスと製造ライン

7.2.1　エッチングリードフレーム製造標準プロセス

　リードフレームのエッチング加工は設計からパッケージング工程での生産性からパッケージとしての信頼性にいたるまで、一貫した工程と考えないと完成したことにならない。特にパターンの設計とレジストの製版はエッチングリードフレームの品質や特性に大きく影響する。

　ここではエッチングリードフレームの製造プロセスについてその概略をまとめてみる（図7.3）。

(1) 企画・設計

　半導体プロセスで使用されるリードフレームの図面は原則として半導体あるいはパッケージング会社から提供されるが、エッチングのアートワークには腐食代を筆頭に様々な補正が施される。

　素材板厚や合金の種類によってその腐食代や補正形状は異なっていることから、リードフレーム製造用のアートワーク用図面を作成する。

　大手リードフレームメーカーではエッチングラインを複数持っていて、それぞれラインによる特徴があり、リードフレームの素材や板厚、さらに設計形状

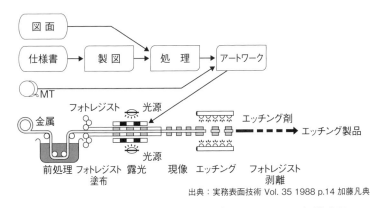

出典：実務表面技術 Vol. 35 1988 p.14 加藤凡典

図7.3　エッチングプロセスフロー（リール to リール）模式図

に応じて適正なラインを選定し、ライン別の補正を行っている。またプロセス
条件を確認するためのテストパターンを設計し、品質管理に結びつけることも
大切な仕事である。

　半導体メーカーが新しいパッケージを開発する場合、パッケージング工程で
必要とされる寸法公差や形状が現在の技術で製造可能か否かの検討も行われる。

　スタンピングによるリードフレームはその図面や仕様が確定されているもの
がほとんどであるが、エッチングリードフレームは試作や機能確認のために製
造されるケースも多く、パターンの補正方法の変更、エッチング条件の変更も
行う必要がある。さらに新規材料の評価もエッチングメーカーの大切な仕事と
なっている。

　このようにエッチングリードフレームを製造する場合には半導体パッケージ
の機能や信頼性まで考慮してパターン補正、製造条件の適正化を行うことが大
切で、この任務をエッチングメーカーの企画・設計・技術部門が担っている。

(2) アートワーク（フォトマスク）製造

　エッチング加工においてはラインで使用されるフォトマスク（ワーキングマ
スク）を製造するアートワーク工程が重要で品質の悪いアートワークから良い
製品は製造できない。

　最近ではCAD、レーザープロッタ、さらに自動検査機、外観検査機の進化

により自動化が急速に進んできたが、従来アートワークの作成は手書きとマイクロプロッタによるピーリングフィルムのカッティング（慣用的に"赤ネガ切り"と呼ばれる）によって行われていた。

この場合、作成される原図は製品の数倍から数十倍の大きさで、これをカメラを用いて縮小することで寸法精度が向上する。つまり原図を±5μmで管理した場合、1/10に縮小すると精度は計算上では±0.5μmとなる。

一般に生産性を向上するために原版をもとに1枚のフィルムまたはガラス乾板上に製品をフォトリピーター（自動多面焼付機）で多数縦横に配列したマスタマスクを作成していた（植版）。

エッチングリードフレームにおいては通常、表裏2枚のワーキングマスクを準備する。

リードフレームにハーフエッチング（両面エッチングにおいて、表、裏いずれからのみのエッチングにより、貫通しない凹形状をつくること）によるディンプルを加工したり、ID番号や品名などハーフエッチングで製品に入れる場合や製品同士あるいは製品とならない周辺部とのつなぎ部などは表裏異なった絵柄となっている。

リードフレームにおいても意図的に"より目（＝Off Set）"を持たせ、断面形状を制御することもある。

リードフレームのコーナーや断面形状、さらにはハーフエッチングによって作られる凹部などはアートワークに施される様々な補正によってある程度制御することができる。例えば浅いハーフエッチングを作成する場合は網点にする。こうした各種補正はCADと製品との相関をデータベースとして持つことによって再現性を増し、加工範囲を広げることを可能としている（表7.1）。

図7.4にはコーナーRを小さくするためのパターン上の補正の一例が示されている。

この形状や寸法は素材の板厚とエッチング時のエッチファクターによって変化させる必要がある。

また表裏一組のフォトマスクを用いる場合、あるいはすでに絵柄のあるものの上にレジストを製版する場合には位置合わせ精度（＝見当精度）が大切にな

表7.1　アートワークにおける補正項目

項　目	内　容
エッチング代	素材の厚みやエッチングファクターに依存する"サイドエッチング量"を計算した最終製品とアートワークの寸法差の補正。
めっき代	めっき厚に応じて発生するレジストパターンの寸法と最終製品の寸法差による補正。
コーナーR	エッチングやめっきではコーナー部はレジストパターンと異なった形状となる。 90度あるいは希望する角度に近い角度、小さなコーナーRを製造するための特殊な形状の補正。
ピッチ	製品の各部位やトータルピッチは素材自体の伸縮により変化する。 露光時の材料の熱膨張なども計算したピッチの補正。
ハーフエッチング	ハーフエッチングの深さや形状は様々な補正方法である程度の調整が可能。 網点などによるハーフエッチング深さの補正。
表裏のOff Set	シャドウマスクやフィルター、一部のリードフレームなどで断面形状を制御するために表裏のパターンの中心をずらす補正。
ID番号	製品には品名、製品番号、管理番号などをハーフエッチングで入れる場合が多い。 この深さや形状も考慮した上での補正。
つなぎ	製品間をつなぐ部分は後で切断しやすいようにハーフエッチングと貫通のラインの組み合わせになっている。 製品の特性や次工程に影響の出ないような形状やエッチングラインの条件に応じて表裏どちらにするかなどを決めた上での補正。

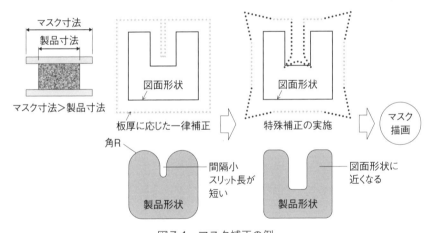

図7.4　マスク補正の例

る。印刷では"トンボ"と呼ばれる見当マークが色あわせや位置合わせの目的で製品とならない部分に配置されている（形状が昆虫のトンボに似ているためこの呼び名となった、とされている）。

　焼き枠（＝アートワークを保持し、製品と密着させる機能を持っている枠）

自体に自動アライメント機構がついている場合が増えており、その場合には実際の製品上の絵柄を用いて位置合わせする機構が多くなっている。最近ではアートワークの作製にはデータを入力し、直接レーザーによって自動描画機で描画することで寸法精度や欠陥数は格段に向上している。

エッチングリードフレームで使用されるフォトマスクの材質は大別すると銀塩フィルム系、ガラス乾板系、ハードマスク系（乾板のように銀塩を用いるのではなく、クロムなどメタル膜を用いて光を透過させないもの）に分けることができる。実際の製造現場でどのタイプを使用するかはコストと最終製品が必要とする精度による。

試作を目的とし、修正や仕様変更が想定される場合はフィルムで行い、仕様が決まり繰り返し量産を行う場合に新たにガラス乾板によりワーキングマスクを作る、といった使い分けがされるケースが多い。

特にフィルムを使用した場合には、湿度や繰り返し露光により寸法が変化するので注意が必要となる。ガラス乾板系とハードマスクではその解像度に差がある。

フォトファブリケーションの基礎ともいえるが、寸法精度や解像度はワーキングマスクの基材の平坦性や特性と遮光層の厚さにも依存する。

石英ガラスによるハードマスクのように安定性と平坦性の優れた基材の上に0.1μm以下のメタル層を作成し、フォトエッチングにより回路や絵柄を作成すると非常に精度の高いフォトマスクが作成できる。

異物付着の防止、静電気の制御などを目的にアートワーク上に保護膜を塗布する場合が多くなっているが、保護膜については各社独自のノウハウがある。

(3) 製　版

フォトレジストの塗布、露光、現像工程を製版と呼ぶ。

フォトレジストには液状とドライフィルムの2種があり、水溶性と溶剤系、さらにネガタイプとポジタイプに分けられる。素材やエッチング液の特性、最終製品として必要な精度に応じて適切なレジストを選定する必要がある。

また剥膜（プリント配線板では剥離と呼んでいる）の原理も理解した上でレジストを選定する必要がある。

　レジストそのものが剥膜液により膨潤したのち溶解するカゼインのようなレジストと、細かいクラックが発生して剥離するが、剥膜液にはほとんど溶解しないドライフィルム系のレジストでは剥膜装置の設計は異なっていなければならない。

　液状のフォトレジストの塗布においては膜厚の制御と乾燥方法ならびにその条件がキーとなっていて、均一な膜厚を維持しながらかぶり（＝未露光であるにもかかわらず、熱や時間の経過によってレジストの架橋反応が進み、現像で溶解されなくなる現象）や未乾燥部のない乾燥条件を設定する必要がある。

　レジスト塗布方法としては、素材を水平の状態で搬送し、レジスト液に浸漬させて塗布する方法と垂直の状態で搬送しながら上からレジストをかけ流しで行う方法があるが、かけ流しの場合には板の上下で膜厚が変化し、さらに最下部に表面張力により、液溜まりができ、特別厚い部分ができるのでその部分を除去することも必要となる。

　また乾燥は高温で急速に行うとレジスト内部に水分が取り残され、かぶりの原因になり、腐食、密着性の低下などが起こるので低温で内側から乾燥させる必要がある。当然のことであるがレジスト塗布の前処理として、素材の表面の清浄化は大切となる。

　ドライフィルムの貼り付けにおいては素材との密着性を確保する必要がある。金属表面に純水の膜を形成してドライフィルムを貼り付けているところもある。またレジスト塗布から露光までの引き置き時間も長すぎるとレジストのかぶり現象が発生する。

(4) 露　光

　クリーンルームで行い異物の付着を抑え、パターンを傷つけない必要がある。アートワークとレジスト塗布後の素材との真空密着においては短時間で確実に真空密着させ、エアー残りのないようにしないと寸法精度が低下する。露光量の管理、均一性、また材料の温度の管理、露光から現像までの焼き置き時間の管理も必要となる。

　露光に用いられる光源としては高圧水銀灯、キセノン灯、メタルハライド灯、超高圧水銀灯などが用いられていたが、最近ではLEDも用いられるよう

になっている。またフォトマスクを使用しない、ダイレクト露光という技術も
リードフレームの製造では一部用いられるようになっている。

(5) 現像・硬膜処理

　レジストの現像はレジストの残渣やフリンジ（フォトレジストエッジの直線
性が悪く、薄いレジストが波上に残っていたり、裾を引いているような状態）
が無いように行う。レジストの種類によるが、現像によって密着性や耐薬品性
が劣化する場合があるので、この場合には硬膜処理を施してから加熱による
ベーキングを行うのが標準的な工程となっている。

(6) エッチング

　リードフレームの量産用のエッチング液としては塩化第二鉄や塩化第二銅が
用いられることが多く、この化学反応や再生の機構はプリント基板の項で解説
されたものと同様である。

　エッチングマシーンの材質や搬送方法にもよるが、エッチング液のボーメ、
温度、スプレー圧、スプレーノズルの種類、ノズルの配列と被加工物と距離、
ノズルの振りの角度やピッチなどがエッチファクターに影響する。

　またスプレーされたエッチング液の被加工物の上での流れ、貫通部分ができ
てからの流れなどをきちんと把握して条件設定する必要がある。エッチング液
はエッチングが進行すると疲労するのでクロリネーション（塩素ガスあるいは
塩素酸類によるエッチング液再生処理）などを行うと同時に、スラッジや不溶
性の介在物の除去などを行い、できるだけ安定した条件でエッチングを行うこ
とが大切になる（図7.5、図7.6）。

(7) 剥　膜

　レジスト残りやレジストの再付着のないようにレジストの剥離の原理を理解
して条件や装置を設定する必要がある。

　また高温のアルカリでの処理の場合は素材のアルカリ焼けにも注意する必要
がある。

(8) 後処理

　リードフレームにおいては必ずめっき工程がある。42合金（Alloy42：熱膨
張係数がシリコンに近い42% Ni-Fe合金）では表面が安定しているので水洗・

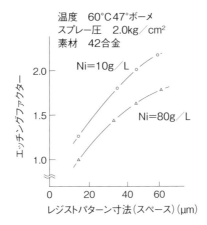

図7.5　エッチング液中のNi濃度のエッチングファクターへの影響

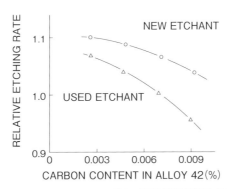

出典：伸銅技術研究会誌 Vol.9 1990 p.10、11 加藤凡典

図7.6　42合金中の炭素含有量のエッチング速度への影響

乾燥で仕上げることが標準となるが、銅合金においては腐食や変色しやすいのでベンゾトリアゾールやアミン系の薬品による防錆処理を施す場合もある。この場合には後のめっき工程との相性も考慮する必要がある。

　また仕上げについては水洗を行ったあと純水洗を行い熱風乾燥する工程となっているケースが多い。

　水洗水についてはpHや含有イオン、バクテリアなどにも注意し、乾燥空気

の質や絞りローラーなどの汚れにも配慮が必要である。

寸法についてはシートごと自動測定機で測定し統計処理して仕様を満たすか判断するところが増えている。

外観は目視によるが実体顕微鏡などによる検査、外観検査装置による自動検査も製品によっては必要となる。

(9) めっき、機械加工、検査

一般的にはスタンピング品はリール状態で、エッチング品は1連ごとにめっきを主体とする表面処理が施される。めっきの前処理として脱脂や表面の酸化膜や異物の除去が行われた後、素材やパッケージによって決定されている仕様に応じて銅ストライクめっき、ニッケルめっき、銀めっき、金めっき、パラジウムめっきなどが施される。

さらにパッケージとしての信頼性の向上のため、ブリードアウト（＝本来のめっきされるべき場所以外にめっきされる金属が析出すること）した銀めっきの除去、銅の酸化防止処理、銅の置換防止処理、銀ペーストのブリードアウト防止など様々な表面処理が施される。

また腐食性のイオンなどが表面に残らないような純水洗、乾燥を行い、表面に残留しているイオン量も規制している。

(10) 後工程

めっき後、ダイパッドのダウンセット（ダイパットをつないでいる部分を曲げ加工により、ダイパッド面がリード先端よりも下がるようにすること。チップをのせた時にリードとチップの面の段差をなくすことが目的）、リードの固定テープの貼り付け、先端がつながったまま加工された場合にはそのカットなどの後工程が加わる。

(11) 検　査

抜き取り、あるいは全数の外観検査、抜き取りによる寸法測定と工程能力による管理が行われる。

(12) 梱包・包装

良品となったリードフレームはコンタミの発生の無いOPP Filmなどで包装され、ロット管理が可能な形で梱包され出荷される。梱包・包装においては輸

送中のストレスによる変形が発生しないように合紙やスペーサーが用いられ、場合によってはプラスチックケースも使用されているが、異物やアウトガス、吸湿などをコントロールしないとイオンコンタミネーション（イオン性汚染物）の上昇、酸化による変色やステイン（スポット状のしみ）の発生などが生ずる。

7.2.2　エッチングリードフレーム製造ライン

　製造ラインの構成もリードフレームメーカーごとに異なっている。

　大手ではロットサイズの大小、多くの種類の材料に対応するため、いくつかのラインを備えている。

(1) 完全一貫ライン

　あまり一般的ではないが、エッチングからめっき、ダウンセットなどの後工程までのすべてをリールで一貫で行う装置もある。

(2) エッチング一貫ライン

　エッチングにおいてレジストの塗布（含むドライフィルムの貼り付け）、露光、現像、エッチングをリールで一貫でエッチングする装置もある。銀めっき等をリールめっきで行っているスタンピングメーカーやめっきメーカーでは、エッチングはリールで行う必要があり、通常エッチングは300mmなど幅広の素材でエッチングを行い、エッチングにより最終製品幅に分割した後数本のリールに巻き取り、そのままめっきラインにロードできるようにしている。

(3) リールによるオフライン

　レジスト塗布、露光、現像（含む硬膜）、エッチングという4つの工程をそれぞれリールで行うラインもある。

　また現像後、所定のサイズに切断し、エッチングは枚葉で行うこともある。現像までは素材が同一であれば複数の種類のリードフレームの製版を同時に行うことが可能で、生産性の向上と短納期化を可能としている。しかしエッチング条件は製造するリードフレームの図面仕様による調整が必要なのでエッチングは同一製品ごとに行う。

(4) 枚葉ライン

　レジストの塗布からエッチングまで枚葉ですべて行うラインもある。

7.3 　リードフレームのエッチングの特徴

　エッチング製品の多くはシャドウマスク、プリント基板をはじめとして他に製造技術の無いものが多い。

　ところが従来タイプのリードフレームに関してはその製造数量のうち80〜90%はスタンピング加工であり、エッチング加工は第二の製造方法である。また素材の合金種類も多く、板厚も0.08から0.25mm場合によっては0.4mm程度まで幅広いものを同一の装置で製造することが必要となる。

　したがって装置の設計や製造条件の設定には事前の十分な検討が必要で、薄い板厚の製品の場合、搬送速度を上げることが可能となるが、同時にレジストの剥膜時間も短くなり、レジストの剥離が不十分になる可能性がある。

　逆に厚い板をエッチングするためには時間がかかり、搬送速度は遅くすることになる。もし剥離条件をそのままにしておくと、レジスト剥離後にもアルカ

表7.2　エッチングリードフレームの特徴

プリント配線板のエッチングと比較し、リードフレームにおいては次のような特徴がある。
① 　素材の板厚が0.1〜0.5mmと厚く、板厚変動への対応も必要。
② 　素材が銅合金、あるいは鉄-ニッケル合金である。
③ 　両面エッチングである。
④ 　Z方向の精度についての仕様がある。
⑤ 　ピッチ精度の仕様がある。
⑥ 　治具穴の精度とリード幅の精度を両立させる必要がある。
⑦ 　リード間隔と平坦幅の精度の両立が必要。
⑧ 　外観の仕様がある。
⑨ 　断面形状、表裏の見当ズレに仕様がある。
⑩ 　ハーフエッチングを用いた三次元加工がある。

表 7.3　代表的なリードフレーム素材の標準化学成分と特性

特性		ALLOY 42	OFC	KLF 5	KLF 125	MF 202	NK 202	OLIN 7025	TAMAC 194 (= HSM)
標準化学組成(%)		Ni : 41 Fe : Re	O <10 ppm Cu : Re	Sn : 2.0 Fe : 0.1 P : 0.03 Cu : Re	Sn : 1.25 Ni : 3.2 Si : 0.7 Zn : 0.3 Cu : Re	Sn : 2.0 Ni : 0.2 P : 0.03 Zn : 0.15 Cu : Re	Sn : 2.0 Ni : 0.2 P : 0.04 Zn : 0.15 Cu : Re	Ni : 3.0 Si : 0.65 Mg : 0.15 Cu : Re	Fe : 2.4 P : 0.07 Zn : 0.12 Cu : Re
融点(℃)		1,425	1,083	1,005	1,025	1,055	1,055	1,095	1,089
密度(g/cm³)		8.15	8.90	8.90	8.80	8.88	8.88	8.82	8.8
弾性率(GPa)		145	118	121	123	113	124	132	121
熱伝導率 at 20℃(W/m·K)		15	391	151	151	155	134	172	262
熱膨張係数 25~300℃($\times 10^{-6}$)		4.5	17.7	17.6	17.0	17.0	17.0	17.6	16.3
電気伝導度 at 20℃(% IACS)		3.0	101	35	35	32	30	40	65
1/4H	引張強さ(MPa)	637 - 735	245 - 314						
	伸び(%)	5 - 35	15 min.						
	硬度(Hv)	180 - 220	75 - 120						
1/2H	引張強さ(MPa)			392 min.		412 - 510	412 - 510	588 min.	363 - 431
	伸び(%)			10 min.		15 min.	15 min.	6 min.	5 min.
	硬度(Hv)			150 min.		125 - 165	125 - 165	(190)	115 - 137
H	引張強さ(MPa)		274 min.	539 min.	588 min.	490 - 588	490 - 588	715 min.	412 - 480
	伸び(%)		4 min.	7 min.	7 min.	9 min.	9 min.	2 min.	2 min.
	硬度(Hv)		80 min.	180 min.	180 min.	150 - 185	150 - 185	(210)	125 - 145
EH	引張強さ(MPa)					539 - 637	539 - 637		461 - 500
	伸び(%)					7 min.	7 min.		
	硬度(Hv)					175 - 205	175 - 205		135 - 150
SH	引張強さ(MPa)					588 min.	588 min.		480 - 519
	伸び(%)								
	硬度(Hv)					185 min.	185 min.		140 - 155
		ALLOY 42L C < 0.010	(C10100 C10200)	C50715	C64730	C50710	C50710		(C19400)

表7.3 代表的なリードフレーム素材の標準化学成分と特性（つづき）

	EFTEC 64T	OLIN 151	KFC	PBP 1 C51100	PBP 2 C51900	PBP 3 C52100	SPC
標準化学組成(%)	Cr : 0.3 Sn : 0.25 Zn : 0.2 Cu : Re	Zr : C.1 Cu : Re	Fe : 0.1 P : 0.03 Cu : Re	Sn : 4.0 P : 0.1 Cu : Re	Sn : 6.5 P : 0.1 Cu : Re	Sn : 8.0 P : 0.1 Cu : Re	C : 0.05 Mn : 0.3 Si : 0.02 Cu : Re
融点(℃)	1,081	1,083	1,083	1,052	1,001	1,002	1,539
密度(g/cm³)	8.90	8.94	8.90	8.86	8.83	8.80	7.87
弾性率(GPa)	127	121	125	115	110	110	206
熱伝導度 at 20℃ (W/m·K)	301	360	364	71	67	63	60
熱膨張係数 25～300℃($\times 10^{-6}$)	17.0	17.4	17.5	18.0	18.0	18.0	12.0
電気伝導度 at 20℃(% IACS)	75	90	92	20	13	12	17
1/4H 引張強さ(MPa)		274 - 314	294 - 372	392 min.	490 min.	490 min.	
1/4H 伸び(%)		22	15 min.	15 min.	20 min.	30 min.	
1/4H 硬度(Hv)		80 - 100	85 - 110	110 min.	140 min.	140 min.	
1/2H 引張強さ(MPa)	490 - 588	294 - 353	353 - 431	490 min.	588 min.	637 min.	588
1/2H 伸び(%)	8 min.	10	4 min.	7 min.	8 min.	8 min.	15
1/2H 硬度(Hv)	160 - 195	90 - 11C	100 - 125	135 min.	170 min.	185 min.	190
H 引張強さ(MPa)	539 - 637	363 - 431	392 min.				
H 伸び(%)	5 min.	4					
H 硬度(Hv)	165 - 200	110 - 135	125 min.				
EH 引張強さ(MPa)	588 - 686	402 - 457					
EH 伸び(%)	5 min.	3					
EH 硬度(Hv)	190 - 220	125 - 145					
SH 引張強さ(MPa)		441 - 490	470 min				
SH 伸び(%)		2	5 min.				
SH 硬度(Hv)		130 min.	145 min.				
	(C18040)	= C 151	(C19210)				

表7.4　エッチング加工の特徴

項　目	特　徴
加工歪み	化学反応を利用しており、応力のかからない加工方法
素材の機械特性	素材の機械的特性に影響を受けにくい
三次元加工	複雑な形状の加工やある種の三次元加工が可能
微細加工	ミクロン単位の微細加工が可能
治具・金型	高価な金型が不要
納　期	短納期対応が容易
ロット単位	小ロット対応がしやすい
被加工材	エッチング液の選択でガラスや樹脂の加工も可能

出典：実務表面技術 Vol.49 1998 p.8 加藤凡典

リに長時間さらされるため、素材がアルカリ焼けする可能性がある。

　エッチングリードフレームの製品の特徴をまとめてみると下記のとおりになる。

　　a．短納期である。

　　b．金型に比較してアートワークは低価格。

　　c．微細加工が可能。

　　d．ある程度の三次元加工が可能である。

　　e．素材の選定範囲が広い。

　　f．応力とバリの発生のない加工方法である。

　リードフレームの場合、スタンピング加工だけでなく、試作品をごく少量作成する場合レーザーでも製造可能となっている。

　しかし半導体パッケージとしての信頼性も確認する必要があるため、量産と大きく異なる加工方法はあまり選択されないのが実状である。

　またエッチングリードフレームの欠点としては、

　　a．量産においてはスタンピングよりコスト高になる。

　　b．治具孔やリード幅などの寸法精度に劣る。

　　c．ピッチ精度に劣る。

　　d．エッチング液やレジストの剥膜液などが廃液となり、水洗水も含め処理にコストがかかり、環境に対する負荷は小さくない。

e．ファインピッチのQFPのインナーリードでは表の平坦幅の確保が困難であると同時に、断面が細りワイヤーボンディング時のクランプが正しく行われなかったり、超音波の効果が低下する。

といったことがあげられる。

7.4 プリント配線板とリードフレームにおける エッチングの違い

本書はプリント基板のエッチング技術について主として解説されているが、最近は銅厚の厚いプリント基板もある。ここではプリント基板のエッチングとの違いに重点を置きながらエッチングリードフレーム製造における注意すべき点をまとめてみることとする。

（1）素材によるエッチング性の差異

銅系合金と42合金（1980から1995年ころまでは熱膨張係数が半導体チップと近いため日本では銅材より鉄-ニッケル合金である42合金が広く用いられていた。しかし2021年現在では価格面からも42合金は限られた用途に用いら

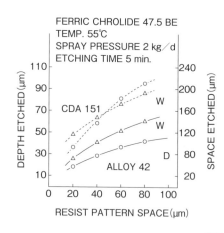

パターン幅と素材種類によりエッチングの進行は変化することがわかる。ここでは42材と純銅系のCDA151材で比較。

出典：伸銅技術研究会誌Vol. 9 1990 p.9 加藤凡典

図7.7　レジストのパターン幅に対するエッチング深さと幅の関係

れ、多くが銅合金となっている）はエッチング性が異なることは当然であるが、銅合金でもそれぞれ組成によってエッチング性が異なるだけでなく、素材メーカーや板幅、化学組成や合金の強化機構により次のような現象があることに注意が必要である（**表7.5**）。

Ⅰ. フォトレジストの密着性が素材により異なる。

Ⅱ. 表面粗度が素材、素材メーカー、材料の質別によって異なる。

Ⅲ. 素材の内部の非金属介在物、析出強化型の合金ではその析出物が、エッチング条件によっては断面に突起物として残存し、めっきや信頼性に影響を与える。

Ⅳ. リン青銅など、錫やリンの含有量の多い銅合金では保管時間や熱処理により錫やリンが表面に拡散し、レジストのかぶり＝暗反応を促進することがある。

Ⅴ. エッチング液中に非金属介在物、酸化物が入ることでスラッジの核となり、ノズルの詰まりの原因となる。

Ⅵ. 板厚が薄い材料あるいは強度の低い材料では変形が起きやすい。

Ⅶ. 素材のスリットにより発生した微粉が素材に付着し、ラインに持ち込まれることでピンホールの原因となる。

Ⅷ. 幅広の素材の場合板幅方向で、コイルで購入した場合は長手方向で板

表7.5　エッチング用素材の必要特性

項　目	内　容
形　　状	キャンバやコイルセットがあるとレジストの塗布や乾燥に影響
板 厚 精 度	板厚の変動はそのまま寸法精度に影響
内 部 応 力	内部応力が高いとピッチ変動があったり、反りや変形が発生
析　出　物	エッチング後の断面の平滑性や後のめっき性に影響
結 晶 粒・方 位	エッチング後の断面の平滑性やエッチング速度、エッチングファクターに影響
化 学 成 分	エッチング速度、エッチングファクター、エッチング液の疲労に影響 エッチング液のスラッジやエッチング面へのスマットの発生にも影響
表面偏析・酸化膜・防錆処理	エッチング速度、エッチングファクター、レジストのかぶりに影響
表 面 粗 度	レジストの密着性や膜厚、エッチング形状の直線性や真円性に影響

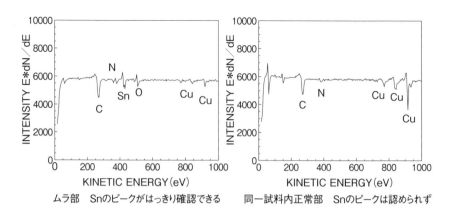

ムラ部　Snのピークがはっきり確認できる　　同一試料内正常部　Snのピークは認められず

同一素材でもかぶり発生品は表面への錫の拡散が発生

出典：伸銅技術研究会誌 Vol. 9 1990 p.10-11 加藤凡典

図7.8　フォトレジストのかぶりが発生したリードフレーム用銅合金の最表面分析結果

　　　　厚が変化するので寸法のばらつきが出やすい。

Ⅸ．幅広の材料の場合、その形状によって液状レジストの膜厚のばらつき
　　が出やすい。

Ⅹ．板厚が厚い場合、レジストの素材との密着性、強度、靭性、耐酸性が
　　必要であり、レジスト特性に限界がある場合はスプレー圧、エッチン
　　グ液中の塩酸濃度などを管理する。

Ⅺ．内部応力の高い素材をエッチングすると製品に反りが発生したり、
　　ピッチ精度が低下したりする。

(2) 両面エッチング

　リードフレームの場合基本的に両面エッチングが用いられている。この場合
下記のような点に留意する必要がある。

Ⅰ．表裏のスプレー圧を適切化する必要がある。

Ⅱ．表裏パターンの位置を正確に合わせる必要がある。

Ⅲ．貫通前後でエッチング液の素材上での流れが大きく変化する。

Ⅳ．微細な間隔をあける場合広い間隔の部分と比較し、エッチング速度が
　　かなり低下する。

Ⅴ．搬送機構によって寸法制度や断面形状が異なる。ローラー搬送、メッシュ搬送など素材の板厚やサイズに応じて設計し、必要に応じてリーダ材（製品の搬送を安定して行うために製品の前に取り付ける重さのあるエッチングされない板）や搬送治具の採用も必要となる。

Ⅵ．ノズルの配置、振りについては上下のバランス、搬送への影響など検討が必要である。搬送速度やローラーの配置、バンクの振り（ノズルがつけられているエッチング液を流す配管を一定の角度・サイクルで振ること）が同調すると寸法制度が大きく劣化することもある。

(3) 特殊加工

エッチングリードフレームでは特殊な加工が施されることもある。

Ⅰ．ハーフエッチング

リードフレームにおいて三次元の加工は重要な役割を果たすことがある。ダイパッドの裏面のディンプルは封止樹脂との密着性を向上し、タイバーのハーフエッチングはパッケージング後の切断時のストレスを低減するとともに金型の寿命を延ばすことができる。またQFNやBCCにおいては三次元構造そのものがないと、パッケージにはならない。ハーフエッチングの深さは、エッチング時に表にある場合と裏にある場合、ハーフエッチングする幅や孔径によって変化する。

一般的に両面エッチングの場合は表裏それぞれ板厚の60〜70%程度の深さをエッチングしている。

板厚よりも浅いハーフエッチングを形成するためには、その部分に網点やメッシュ目を入れることで、エッチングの進行を意図的に抑えることができる。しかしこの場合、エッチング液中にレジストが混入することがあり、ノズルの詰まりの原因となるので注意する必要がある。

Ⅱ．二段エッチング

一般にエッチング加工では板厚よりも狭い幅や孔を寸法精度良くあけることは困難とされている。リードフレームではほとんど使用されない技術であるが、シャドウマスクや有機ELパネル製造用のメタルマスクなどでは二段エッチングという技術が使われている。

Cu-42 材-Cu　　　　　　　42 材-Cu-42 材

図7.9　エッチングによるクラッド材の断面形状

　これはエッチングを片面ずつ行うことで微細加工を実現する方法で、初めに
片面から浅いエッチングを行い、一旦エッチングを中断し、ここで形成された
ハーフエッチング部に樹脂をつめ、これ以上エッチングが進行しないようにし
た上で反対面からエッチングを行うことで、寸法精度良くエッチング加工を行
う手法である。

Ⅲ．クラッド材（図7.9）

　リードフレームをクラッド材で作成することも試みられている。

　ステンレス-銅-ステンレスといったクラッド材をエッチングするとそれぞ
れのエッチング速度の差で平坦幅は広く、リード間隔も広いリードフレーム
を、あるいは逆の形状を製造することができる。

Ⅳ．電解エッチング

　パーマロイなど塩化第二鉄ではエッチングができない材料をエッチングする
場合、電解エッチングで加工することもある。

7.5　QFN用リードフレームの製造技術

7.5.1　リードレスパッケージの台頭

　リードフレームを用いたパッケージの中で2010年以降重要性が増している
のがQFNとDFNである。ともにリードが封止樹脂の外部に出てないパッケー
ジであるが、1枚のリードフレームに数百個、多いものでは2,000個以上のパッ

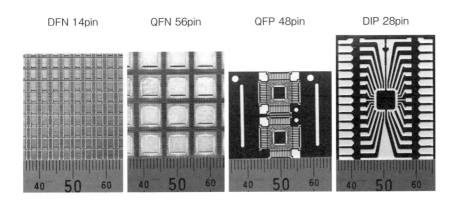

DFN 14pin　　QFN 56pin　　QFP 48pin　　DIP 28pin

図7.10　各種リードフレームサイズの比較

ケージ用の個別リードフレームが配置されていて、パッケージングの生産性が
高い、パッケージ用の金属材料・ワイヤー・封止樹脂など使用部材も従来の
パッケージと比較し圧倒的に少なく、軽薄短小のパッケージである。

7.5.2　QFN/DFN製造プロセス

　このQFN/DFNの形状形成はほとんどがエッチングによるものである。プ
レスの場合、金型の製造コストと注文ロット数を考えると圧倒的にエッチング
が適しているからである。このリードフレームには主として部分銀めっきがワ
イヤーボンディングのために施される。この部分銀めっきには2つの方法があ
る。一つは従来通りめっきマスクを用いたものであり、もう一つは電着フォ
トレジストを用いた部分銀めっきである。この電着フォトレジストを用いた場
合、下記のプロセスが標準的なものである。

　1．エッチングリードフレームを装置にロード

　2．前処理

　3．銅ストライクめっき

　4．電着によりレジストをリードフレーム全面に電着塗布

　5．フォトマスクを用いてめっき部以外を全面露光（表裏・サイド）

　6．フォトレジストを現像し部分銀めっきをするところだけ露出

7．銀めっき

8．電着レジストの剥離

9．後処理

10．アンロード

7.5.3　電着レジスト

　リードフレーム上には金または銅のワイヤーボンディングのために銀めっきが施される。1980年代は金めっきが用いられていたがコスト面からほとんどが銀めっきとなった。また現在でも一部のパッケージでは多層のパラジウムめっきが施されているが、QFN/DFNにおいては部分銀めっきが主たるめっきとなっている。銀は封止樹脂との密着性が乏しく、マイグレーションの危険性もあるため、ワイヤーボンディングに必要なリードの先端部だけにスポットの銀めっきを施す必要がある。従来のSOやQFPでもスポット銀めっきは必要であるが、部分めっき用の治具（マスク）を用いて銀めっきを施している。

　1990年代後半からQFNをメインに用いられるようになったのが電着レジストを用いた部分銀めっきである。電着とは電気めっきと同様、リードフレームに電気を流すことで表面に感光性を持たせた樹脂成分を全面に析出させる技術

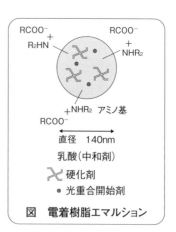

図7.11　ハニレジストE-2000一般的性質（ハニー化成株式会社製）

表7.6　ハニレジストE-2000処理液（ハニー化成株式会社製）

		電着原液 ハニレジストE－2000	現像液 ハニレジストDEV－1	剥膜液 ハニレジストR－110
原液性状	外　観	乳白色	無色透明	無色透明
	主な成分	水溶性アクリル樹脂 水 有機溶剤	有機酸 水 界面活性剤	有機酸 有機溶剤
	NV%	15%	—	—
	pH	3〜5	2〜3	<2
	危険物等級	非危険物 指定可燃物 可燃性液体	非危険物	第4類 第3石油類
	貯蔵安定性 （35℃以下で保管）	4ヶ月	6ヶ月	6ヶ月

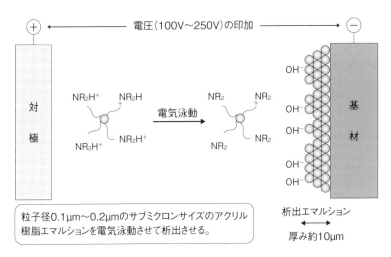

図7.12　電気泳動法の原理（ハニー化成株式会社作成）

である。この樹脂に感光性を持たせ、露光、現像により銀めっきの必要な部分のみリードフレームを露出させることでリードフレーム上に部分銀めっきを施すことができる。

　めっき装置としてはオランダの会社のものが最も多く使用されている。

また電着レジストとしては米国の化学メーカーと日本では電着塗装剤メーカーの2社が用いられている。電着塗装剤に感光性を持たせたものである。

7.5.4 QFN/DFN製造のためのエッチング技術

他のエッチングリードフレームと比較し、QFN/DFN用リードフレームは難易度が高い。これは次のような項目について、従来のリードフレームよりきびしい管理、生産技術が必要となるからである。

a) 変形対策：ハーフエッチングも多く、従来タイプのリードフレームより変形のリスクが高いため、新たな対策が必要である。

b) ピッチ精度：すでにエッチングで形状が作成されているリードフレームに電着レジストの露光を行うため、位置合わせのマークとリードの位置精度が重要になる。温度管理、素材の内部応力、エッチングと電着レジストの露光プロセスに用いるパターン精度の管理も必要である。

c) 断面形状：パッケージング工程や信頼性にも影響するが、リードフレームの断面形状管理はQFN/DFNにおいては大切な項目となる。

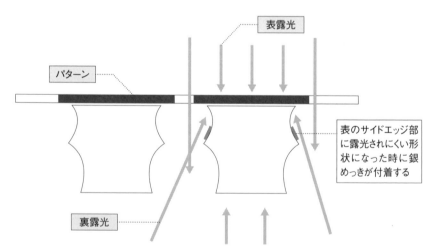

図7.13　QFN/DFNエッチング断面形状によって発生する未露光部

アンダーエッチ気味の場合、電着レジストの露光時に光のあたらない部分ができると本来銀めっきを付けてはいけないところに銀めっきが付いてしまう。

d）検査技術：製造ラインにおいても出荷時の検査においても外観、めっきの位置や寸法精度の検査技術も大切である。

7.6　今後の課題

エッチングリードフレームに関しての課題を簡単にまとめておく。

(1)　環境対応

エッチング加工はウェット処理で、大量の水を使用し、廃液も多く出る。装置そのものの消費電力の低減、使用する水の量の削減、廃液の低減、有価金属の回収、クローズドシステムへの挑戦など、環境対応を追及することがそのままコストダウンにもつながるため、重要な課題である。

(2)　トレーサビリティ

半導体は家電や携帯電話だけでなく、産業機器、医療機器、輸送機器にも使われ、その不良は人命に関わる事故にもつながる可能性がある。そのため、不良品が見つかると、その原因究明と同一ロットの特定は迅速に行う必要がある。

またMPUなど高価な半導体においては盗難や偽物の被害が多発しており、不良同様その対策には膨大なコストがかかっている。そのためトレーサビリティは非常に重要で、半導体チップに個別のID番号を入れるための標準化も進んでいる。

また半導体の最終出荷形態であるパッケージに関しても、その材料ロットの特定やパッケージ工程で使用された金型や治具にいたるまでのトレーサビリティを求められるケースもある。

したがって半導体パッケージの主要材料であるリードフレームやリジッド基板などのサブストレートに関しても素材ロット、製造ロット、製造条件などの

トレーサビリティを確保する技術が必要になってきている。

（3）品質管理体制

　品質はラインで作り込むべきもので、製造後寸法や外観をチェックし、良品を選別して出荷するのではなく、製造ラインで製版の寸法、外観、エッチング後の寸法、外観をチェックしながら不良を作らない管理体制の構築とその自動化を推進することが必要である。

（4）製造技術の革新と環境対応

　2020年に始まった新型コロナウイルスのパンデミックより、リードフレームメーカーも在宅勤務、作業員や検査員の健康管理の見直し、新規装置の導入納期の遅延、銅材の高騰など様々な影響を受けた。

　ここ10年、インターネット環境やセンサー技術は大きく進歩し、データ通信コストも大きく下がった。しかしリードフレームメーカーのラインをみると大きく進化した工場は残念ながらほとんどみあたらない。良品率の向上、生産性の向上、オペレータの負荷の低減、不良解析と対策などは、周辺技術の進歩にともない、常に進化していなければいけない。

　一方、QFNや車載用リードフレームにおいては、その寸法精度や外観規格は厳しくなる一方で、自動寸法測定機や自動外観検査機の使用は必須となっている。検査結果のデータ処理とAIによる解析など検査技術の革新も求められている。

　SDGsや環境対応に関してもより強い対応が求められ。DFM（Design for Manufacturability）、あらたな環境対応技術の開発、廃棄物削減、などもリードフレームメーカーにとっては大きなテーマとなっている。

第**8**章

トラブルシューティング

8.1 　良好な配線パターンの条件

　本書で述べてきたプリント配線板の製造工程において発生する不良について
考える。

　不良発生原因としては自工程が原因となる場合だけでなく、前工程での処理
が原因となる場合もあり、不良として発見されるのは自工程内検査の場合もあ
れば、最終検査工程の場合もある。最悪の場合は、客先で発見されクレームと
なることもある。

　プリント配線板製造の際に、不良が発生しやすい回路形成工程において、形
成される配線パターン（以下、パターンと略す）には次のことが要求される。

　(1)　パターンに欠陥がないこと。

- 断線（オープン）、欠け、ピンホールがないこと。
- 短絡（ショート）、突起、銅残りがないこと。
- パターンの細り、太りがないこと。
- スルーホール断線がないこと。

　(2)　パターン幅が設計通りであること。

- パネルの同一面内、パネル表裏およびロット内、ロット間での寸法差が
  小さいこと。
- パターンの向き（縦線、横線、曲線、斜め線）での寸法差が小さいこと。
- パターンの場所（角部、直線部）において寸法差が小さいこと。
- パターン断面が矩形に近い形状であること。

　このような回路形成を実現するためには、前工程である穴あけ工程や銅めっ

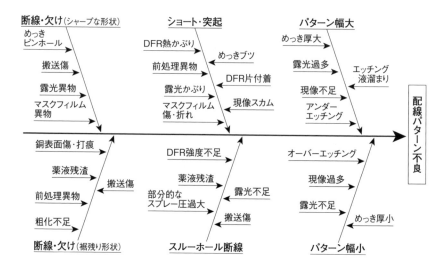

図8.1　配線パターン不良に関する特性要因図

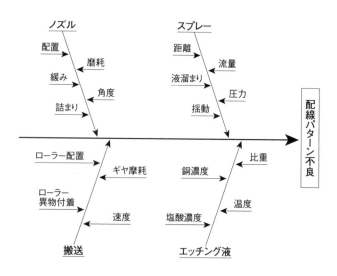

図8.2　エッチング要因の配線パターン不良特性要因図

き工程も重要であり、DFR（ドライフィルム）ラミネートの前処理から露光、現像、エッチング、剥離に至るまでの回路形成の各工程の管理が重要となる。エッチングレジストをDFRに限定した場合、パターンに関する不良の要因は図8.1の特性要因図、エッチング工程に絞ると図8.2のようにまとめられる。このうち、主な不良について、その発生メカニズムから不良の原因および対策について次節で述べる。

8.2　回路形成の前工程に起因する不良

8.2.1　パネル表面の傷

　穴あけから電気銅めっきの工程において、重ねられた複数枚のパネルを一度に取り扱う際に発生することがある。パネルの局所に大きな圧力がかかり、銅箔表面が互いに擦れ合うことで銅箔の一部（数100μmの長さ）が剥がれ、相手方の銅箔に溶着するような状態で傷が発生することがある（図8.3）。傷が無電解銅めっき後に発生すると、剥がれた部分には電気銅めっきが付かず、断線になることがある。傷の形状は三角形であることが特徴であり、「三角傷」と呼ばれることもある。図8.4は、三角傷が原因となったパターン不良を示す。

　積み重ねられたプリント配線板材料を移し替える作業でも発生しやすいため、次のような作業方法を心掛ける必要がある。

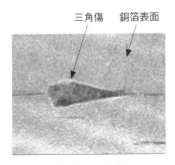

図8.3　三角傷

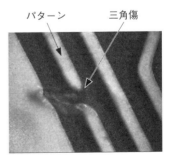

図8.4　三角傷によるパターン不良

- 一度に持つ材料の枚数を少なくする
- 材料同士が擦れるような動作をなくす
- 強い力でつかまない

この特徴的な傷不良は、電気銅めっき前の銅層が薄い状態で発生しやすく、特に、ピール強度の小さい材料ほど発生しやすいが、電気銅めっき後の銅厚でも取り扱いが雑になると傷は発生する。パネル表面の傷は不良につながりやすいので、丁寧な取り扱いを心掛けることが必要である。

8.2.2 銅めっき前の異物による短絡不良

銅箔の上に異物が付着し、その上から銅めっきされた場合、図8.5のような形状の短絡不良となることがある。回路形成のエッチング工程において、現像で形成されたパターン（DFR部分）の間の銅めっき層はエッチングされるが、その下の異物がエッチングレジストとなって、銅箔がエッチングされずに短絡不良となる。

銅めっき前工程である研磨やデスミアにおいて、ローラー等に付着している異物が転写することがある。特に、粘着性のある異物の場合は水洗の圧力でも取れず、その上から銅めっきされて、このような不良の原因となるため、これらの装置の日常管理が必要である。

図8.5　銅めっき下の異物が原因となる短絡

8.2.3　銅めっき後研磨（ブツ・ザラ研磨）

　銅めっきで発生したパネル表面の突起物（ブツ、ザラ）の部分は、回路形成にて断線不良または短絡不良になる可能性がある。

　銅めっき前研磨にて発生したスクラッチ傷（図8.6）だけでなく、銅めっき前のパネル表面に大きな傷があると、その部分が核となり銅めっきにて突起物（ブツ）に成長する。傷が原因でブツになった写真を図8.7、このようなブツが原因となり短絡不良になった例を図8.8に示す。

　例えば、銅めっき後の機械研磨でも除去できなかった大きなブツは、DFR等の前処理として使用する機械研磨や化学研磨でも除去できずにエッチング後も残ってしまう可能性が高い。図8.9に回路形成前後でのブツ形状の変化を示した。

図8.6　研磨で発生したスクラッチ傷

図8.7　傷が原因となるめっきブツ

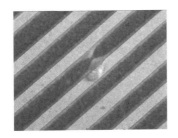

図8.8　めっきブツが原因となる短絡

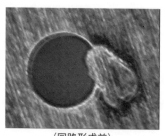
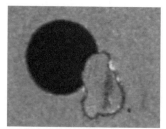

（回路形成前）　　　　　　　　　　　　　（回路形成後）

図8.9　回路形成で除去できなかったブツ

8.2.4　銅めっき厚のばらつきによるパターン幅異常

　パネル内・ロット内において、銅めっき厚ばらつきが大きいと、エッチングにおいてパターン幅のばらつきが大きくなり、断線不良・短絡不良となる。特に近年は、プリント配線板の高精細化が進みパターン幅の精度向上が求められているため、めっき厚均一性は重要な管理項目となっている。

　要因としては、銅めっき装置の陽極種類、極間距離、遮蔽板形状、遮蔽位置、めっき治具、攪拌方法等があり、それぞれを最適な状態に管理する必要がある。

　銅めっきが厚い部分はアンダーエッチングによるパターン太り（短絡不良）、銅めっきが薄い部分はオーバーエッチングによるパターン細りが発生する（図8.10、図8.11）。

8.3　回路形成工程での不良

　前述した通り、回路形成の前工程において、パネル表面に付着した粘着性異物や露光障害となる異物は、断線、短絡、欠け、突起不良等の原因となる。これらの異物は回路形成工程の前処理では除去できないことも多いので、不良原因となる異物が発見された場合には、異物の種類を正確に解析することと、発生源の特定および対策が重要となる。

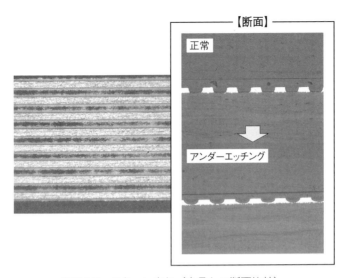

図8.10　パターン太り（良品との断面比較）

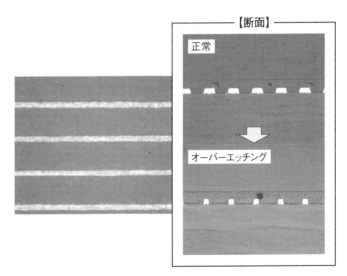

図8.11　パターン細り（良品との断面比較）

もちろん、回路形成工程で付着する異物による不良や各工程の処理条件、パネルの取り扱いが原因となる不良もあり、その原因を究明して対策を行う必要がある。

　以下に、主な不良について、その不良形状、発生メカニズムと考えられる原因および対策について述べる。

8.3.1　断線・欠け（裾残り形状）

　断線の形状はなだらかな裾残りの形状で、「ディッシュダウン」と称する場合もある。

(1)　DFRの密着が弱い部分にエッチング液が浸み込み断線に至るケースであり、その原因は次のいずれかが考えられる。

　①DFRラミネート前処理工程からDFRラミネート工程の間でパネル表面に付着する異物および薬品残渣・水残渣・ウォーターマークによりDFRの密着が阻害される（図8.12）。

　②パネル表面の傷・打痕によりDFRの密着が阻害される（図8.13）。

　③前処理での粗化不足またはDFRラミネートの不具合によりDFRの密着が弱い。

(2)　DFRラミネート前処理工程からDFRラミネート工程においては次の対策が必要である。

　①異物を採取し、異物発生源の調査および対策を行う。

　②異物が付着した場合の除去方法（クリーンローラー等）に問題がない

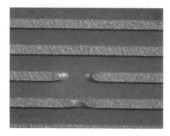

図8.12　DFR密着不良による断線

図8.13　打痕による欠け

か確認し、不十分な場合は改善を行う。

③薬品または水の残渣がある場合は、水洗・液切り・乾燥等が十分であるか確認する。

④機械研磨または搬送ローラー等でパネル表面に傷・打痕を付けていないか、または、前工程からの受入れの段階で傷が付いていないか調査および対策を行う。

⑤パネル表面の洗浄不足や乾燥不足によるウォーターマークがDFRの密着を阻害する場合がある。水洗槽の内壁にヌメリがあると、それが原因となるので、その部位のメンテナンスも重要となる。

⑥銅層の粗化が不十分な場合、DFRの密着不足となる。粗化条件、粗化薬品について再確認し、密着性を改善する必要がある。

⑦DFRラミネーターのヒートローラーに傷があると、その部分の密着が弱くなる。パネル内に同じピッチで不良が発生している場合、この可能性が高い。ヒートローラーの温度が低い場合、または加圧不足、ラミネート速度が速い、ラミネート直前のパネル表面温度が低い場合も密着不良となる。

(3)　現像工程またはエッチング工程においては、搬送異常によりDFRにダメージを与え、エッチングにより不良となる場合がある（図8.14）。

①搬送ローラーに付着した異物、凹凸等によるダメージが考えられる。特に、液がかからない部分の搬送ローラーに異物が付着していない

図8.14　搬送ダメージによるディッシュダウン

か、エッチング装置のチャンバー入口側にエッチング液結晶が付着していないか定期的な確認および清掃が必要である。

②搬送ローラーの回転異常によるダメージが考えられ、搬送ローラーのギヤ磨耗、噛み合わせずれまたは、ホイール同士の接触がないか確認する。日常点検および摩耗したギヤの定期的な交換が必要である。

③搬送ローラーのホイール形状によっては、パネルの重量により接触部に荷重がかかりやすくDFRがダメージを受けるため、それを防止する形状を検討する。

④エッチングラインの中間に反転機がある場合、ローラー、ベルトのスリップまたは反転バーへの接触によるダメージがある。正常に動作していても乗り移りの際にDFRにはダメージがかかるため、それを極力減らすような調整が必要である。

8.3.2　断線・欠け（シャープな形状）

パターンのトップからボトムまでシャープに断線しているものであり、パネルに貼られたDFR表面または露光で使用するマスクフィルム表面に付着した異物等が原因で露光障害により発生する。不良写真を図8.15に示す。

異物の種類は、樹脂片・金属片・DFR片・繊維・粘着物等さまざまであるが、DFRラミネートの直後から露光終了までの間で、異物が付着するようなところがないか調査を行い、異物発生源の対策を行う必要がある。露光前にクリーンローラー等でパネル表面を清浄化することがあるが、実際に行っている

図8.15　異物による露光障害断線

除去方法で効果が出ているのか確認する必要がある。また、クリーンローラーの粘着テープの汚れ方（付着している異物）は定期的に把握する必要がある。

　マスクフィルムを使用して露光する場合、複数枚に渡り同一箇所に不良が発生することがある。その場合、露光焼枠面またはマスクフィルムに異物が付着していることが考えられる。

8.3.3　短絡・突起（ボトムショート）

　これは、パターンのボトム部のみが短絡している形状である（図8.16）。

　異物が原因となっていると考えられ、各工程において異物が発生していないか調査を行い異物発生源の対策を行う必要がある。また、DFR密着不良の場合に発生する露光かぶりでも、このような形状の短絡不良となることがある。

　図8.17は、DFRラミネート後のパネルを熱い状態で重ねたため、熱かぶりが発生し、現像されずにエッチングでショートになったものである。

　現像工程においては、DFR成分等の凝集物であるスカムが発生する。このスカムが付着した場合、パターンのトップ部も短絡することがあるが、ボトム部のみの短絡不良になることが多い。また、現像前でパネル表面にDFRの小片が付着したり、現像工程でDFRの小片として脱落する場合がある。DFR片はパネルに再付着したり、水洗で除去された場合は水洗槽の壁面（液面付近）に痕跡が残ることがある（図8.18）。このDFR片自体は短絡不良の原因となるので、上流側の対策またはパターン設計等の確認が必要である。

　このような槽内の汚れはエッチング液槽でも発生することがある。エッチン

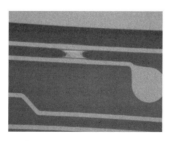

図8.16　異物付着による短絡（ボトムショート）

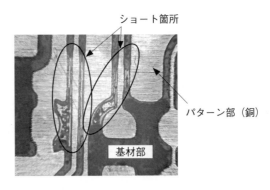

図8.17　熱かぶりによるショート

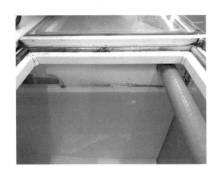

図8.18　現像後水洗槽の壁面汚れ

図8.19　DFR成分による槽壁面の汚れ

グ液中には、エッチングレジストであるDFRの成分が溶出し、液槽の液面付近の内壁に汚染物質が付着することがある（図8.19）。このような場合、定期的にアルカリ水溶液および塩酸で槽洗浄を行う必要がある。DFR成分はパネルに付着することでエッチングレジストとして働き、品質不良につながることもあるため細線パターンの場合は特に注意する必要がある。

8.3.4　短絡・突起（トップショート）

パターンのトップからボトムまで短絡している形状である。

パネル表面に付着した異物等の上からDFRが貼られると、露光の際にマス

クフィルムの密着が不十分となり露光かぶりとなったり、異物自体がエッチングレジストとなることがある。この場合、不良箇所には異物が付着していた跡が残ることが多い（図8.20、図8.21）。特に、図8.21の不良は、短絡している部分に光沢があるため、ラミネート前処理で粗化する前に異物が付着していたと考えられる。

　DFRの上に付着した異物等が原因でも同様な不良が発生することがある。いずれも、異物の種類はさまざまであり、各工程において異物が発生していないか調査を行い異物発生源の対策を行う必要がある。

　図8.22の不良は、DFRのキャリアフィルム剥離時に、感光したDFR片が剥がれてパネルに再付着することでも発生し、短絡している部分の形状から判断できる可能性がある。キャリアフィルム剥離装置周辺の清掃や剥離条件の見直しだけでなく、パネル内にDFR片が剥離しやすい部分がないか確認することも必要である。

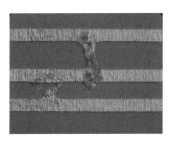

図8.20　異物付着による短絡（トップショート1）

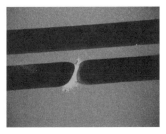

図8.21　異物付着による短絡（トップショート2）

図8.22　DFR片付着による短絡

　現像工程におけるスカム付着により同様の短絡不良が発生することがある。

　エッチング工程でも、チャンバー入口側の搬送ローラーに異物が付着している場合、その異物がパターンに付着し短絡不良となることがある。ローラーへの異物付着が定常的な場合はDFR成分が付着していることも考えられるため、現像ラインの水洗および液切りでの改善またはローラーを定期的に清掃することが必要である。

8.3.5　パターン幅異常（パターン太り、パターン細り）

　パターン太り（パターン幅大）は、銅めっき品においてめっき厚にばらつきがあると、めっきが厚い部分でこのような不良が発生することがある（8.2.4項参照）。回路形成工程に原因がある場合は、露光過多、現像不足またはエッチング不足（アンダーエッチング）により発生する場合がある。エッチングが不十分な場合、パターン間隙寸法またはパターン方向の違いでエッチングされ方が異なり、図8.23および図8.24のような短絡が発生することがある。

　また、図8.25のように、パターン近傍に別のパターンがある場合は（この図ではパッドが配置されている）、エッチング液の当たり方、流れ方が弱くなりパターン太りが発生することがある。

　エッチングの条件不適切で発生する場合は次のことが考えられる。

　パネル全面に渡って発生する場合は、(1) 搬送速度が速すぎる、(2) エッチング液の温度が低い、(3) エッチング圧力が低い、(4) エッチング速度が低下するような比重・濃度となっている、のような原因が考えられる。局所的に発

図8.23　アンダーエッチング（1）

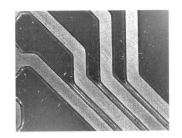

図8.24　アンダーエッチング（2）

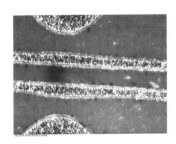

図8.25　パターン太り（周囲の影響）

生する場合は、ノズルの目詰まり等が考えられる。

　パネル中央部のパターン幅がパネル外周部と比較して太く仕上がる傾向は、一般的なスプレーを揺動するエッチング装置に見られるものである（図8.26）。この傾向はパネルサイズが大きくなるほど顕著に表れ、原因はパネル中央部にエッチング液が滞留することで、スプレー打力が弱くなり、エッチング速度が低下することにある。中央部のみを選択的にエッチングする機構や中央部に滞留する液を取り除く機構により、中央部のエッチング量を外周部と同じにして均一性を上げている装置もある。

　パターン細り（パターン幅小）は、パターン太りとは逆の現象であり、銅めっき品のめっきが薄い部分でこのような不良が発生することがある。回路形成工程に原因がある場合は、現像過多またはエッチング過多（オーバーエッチング）が原因となり、パターンが細っている場合だけでなく断線に至ることもある。

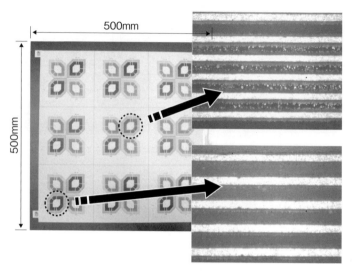

図8.26　パネル中央部のパターン太り

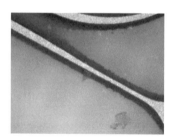

図8.27　パターン細り（周囲の影響）

　また、図8.27のように、単独パターンの周囲に別のパターンがない場合は、エッチング液の当たり方、流れ方が強くなっていることが原因でパターン細りが発生することがある。そのパターンの周囲に別のパターンがある場合と比較すると、エッチングの進み方に差が生じる。対策は、周囲の状況に応じてパターン幅の補正量を変えることである。

　エッチングの条件不適切で発生する場合は次のことが考えられる。

　パネル全面に渡って発生する場合は、(1) 搬送速度が遅すぎる、(2) エッチ

ング液の温度が高い、（3）エッチング圧力が高い、（4）エッチング速度が上がるような比重・濃度となっている、のような原因が考えられる。

　局所的に発生する場合は、ノズルの磨耗、緩み等で吐出される液量が通常より多い部分があることが考えられる。

8.3.6　スルーホール断線

　図8.28のように、スルーホール内の一部または全部に銅めっきが付いていない状態である。テンティング法での回路形成工程が原因となる場合、次のいずれかが考えられる。

①DFR破れ

　特に、大径穴や長穴で発生しやすい。

　DFRラミネートからエッチングまでの工程で、スルーホールを塞いでいる部分のDFRへの応力集中でDFRに亀裂が生じ、スルーホール内にエッチング液が浸み込むことで発生する。また、DFRのテント強度が弱いことも考えられる。

　現像工程、エッチング工程が原因となる場合は、搬送ローラーの回転異常によるDFRへのダメージやノズルの異常により想定以上のスプレー打力がかかったことが考えられる。搬送ローラー異常はギヤ磨耗、噛み合わせずれ、ホイール同士の接触がないか日常点検を行うとともに、ギヤの定期的な交換が必要である。ノズルの異常については、ノズルの磨耗、緩み等がないか確認する必要がある。

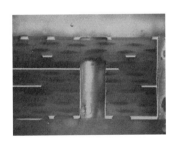

図8.28　スルーホール断線

②ランド欠け

　スルーホール周辺のDFR密着不良、異物が原因となるピンホールまたは位置合わせずれ等によりランドが欠け、スルーホール内にエッチング液が浸み込むことで発生する。

　スルーホール周辺のDFR密着不良は、銅めっき工程前でのバリ取り研磨による穴ダレ、銅めっき時のスルーホール部のなみだ目現象でも発生しやすいので同工程でも注意が必要である。

8.3.7　基材破損

　パネルに発生した皺、割れ、角折れ等であり、特に薄い材料の場合、発生しやすく、その原因は次のいずれかが考えられる。

　①搬送ローラーの一部が停止状態にあり、スムーズに搬送されない状態にある。搬送ローラーのギヤ磨耗、噛み合わせずれまたは、ホイール同士の接触がないか日常点検を行うとともに、ギヤの定期的な交換が必要である。

　②スプレーの圧力でパネルの角が折れることが考えられる。薄い板はスプレー圧力、流量を小さくする必要があり、それに合った条件出しを行う。また、パネルの角の部分に、上面スプレー直下または下面スプレー直上のホイール（リングローラー）がない場合は角折れが発生しやすくなる。

第 9 章

品質関連用語解説

この章では、プリント配線板の品質不良・欠陥・不適合関連の用語を取り上げ、語義、関連情報などを解説する。

9.1 電気接続に関する不良・欠陥

ショート　short circuit

本来は接続していない独立した複数の電気回路が接続されること。短絡とも言う。導体パターン間のショートのことを特にパターンショートと言う。完全に接続していないが、回路間の絶縁抵抗が規定値以下に低下することは絶縁不良と言う。

断線　open circuit

本来は接続しているべき回路が接続されないこと。オープンとも言う。導体パターンの断線をパターン断線、あるいはパターンオープンと呼ぶ。スルーホール（スルービア）の断線は、スルーホール断線と呼び、パターン断線とは区別して扱う。

9.2 導体の形状、表面状態に関する不良・欠陥

欠け、突起

導体の端部が局所的に（独立して）凹むこと、および突出すること（図9.1

参照)。

銅残り

　設計上は導体がないはずの場所に銅導体が存在していること。エッチング法の場合には、エッチングされるべき場所で、銅がエッチングされずに残っていること。（図9.2参照）

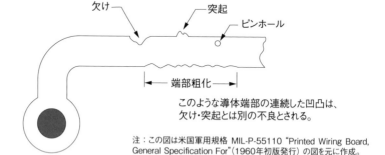

このような導体端部の連続した凹凸は、
欠け・突起とは別の不良とされる。

注：この図は米国軍用規格 MIL-P-55110 "Printed Wiring Board,
General Specification For"（1960年初版発行）の図を元に作成。

図9.1　導体の欠けと突起

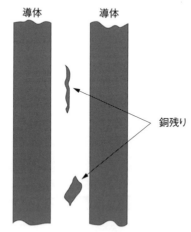

注：この図は米国軍用規格 MIL-P-55110 "Printed Wiring Board,
General Specification For"（1960年初版発行）の図を元に作成。

図9.2　銅残り

打痕（だこん）、圧痕（あっこん）　dent

別の物体が打ちつけられた、あるいは押しつけられた場合に表面に発生する凹み。異物が挟まり発生する場合も多い。後の工程で異物は除去され、凹みだけが残る。

スクラッチ　scratch

ひっかき傷、擦り傷。鋭利な物体で表面を擦ることでできた傷。

打痕やスクラッチが銅表面にあると、その上に形成したエッチングレジストの下に空隙ができることになり、エッチング液が浸入して、意図しないエッチングが発生し、断線の原因となる。

ブツ・ザラ不良　lumps/nodules、roughness

表面が平坦であるべきめっき層にできた突起物をブツと呼び、多数の小突起物がある程度広い範囲の表面に発生し、表面形状が粗くなる（ザラザラになる）ことをザラと呼ぶ。ブツ・ザラと並べて使う場合が多い。

JIS H 0400「電気めっき及び関連処理用語」（1998）は用語「ざらつき」を「めっき浴中の固体浮遊物がめっき層の中に入り込んで生じる小突起」と定義している。

ピット、ピンホール　pit、pinhole

銅箔、めっき皮膜あるいは塗膜に発生する微小な穴。膜を貫通しないものをピットと呼び、貫通したものをピンホールと呼ぶ。

シミ、ウォーターマーク　spotting、stain、water mark

湿式処理の水洗乾燥後に、表面が斑点状、あるいは帯状に変色すること。

表面に残った水が蒸発するときに濃縮し、水中に浮遊していた異物（当初から水中にあったもの、あるいは塵埃などの空中の浮遊物が水中に溶け込んだもの）が蒸発せずに表面に取り残されてできる。あるいは、水洗処理でも処理水が完全に希釈できず僅かに水中の残っていた酸などの化学薬品が、蒸発濃縮に

より濃度を増し、表面の銅と反応して変色させる場合もある。

　加熱乾燥に入る前に、確実に水洗を行うことと、蒸発濃縮を起こすような量の水を表面に残さないことが重要である。吸水ロール、エアーナイフなどを有効活用する。

9.3　露光・フォトレジストに関する不良・欠陥

かぶり　fogging

　感光材において、意図した画像以外の場所で、露光による反応（銀塩フィルムの場合は黒化反応、フォトレジストならば重合反応）と同じ反応が生じること。露光以外の光が照射されたことによる意図しない露光、薬品による反応、長期保存中の自然反応、放射線による反応などが原因になる。

テント破れ　tenting defect

　エッチング法（サブトラクティブ法）において、ドライフィルムのテンティングに損傷・欠陥が生ずること。この状態だとエッチング液が孔内に侵入し、スルーホールあるいはビアの断線の原因となる。機械的な傷、圧痕、異物、位置合わせ不良によるアニュラーリング幅[*1]不足、スプレー圧過剰、などさまざまな原因で発生する。

9.4　穴あけ・めっき工程に起因する不良・欠陥

樹脂スミア、レジンスミア　resin smear

　機械式穴あけで、ドリルビットが高速回転をしながら切削していく時に熱が発生し、高温になった樹脂が剛性を失い、ドリルビットにより穴壁に押し付け

＊1　アニュラーリング：図 1.11（p.45）を参照。

られるように広がる現象。多層基板のめっき前の穴に露出した内層ランドの
上に樹脂の膜ができることになり、内層回路とスルーホールめっき層の接続の
障害になる。完全に断線にならない場合は電気検査（布線検査）では発見でき
ず、顧客に納入された後に、経時変化により、あるいははんだ付けなどによる
熱応力により断線を引き起こすことがある。

　レーザー穴あけでは、アブレーション（ablation、融蝕）作用によって穴
をあけている。そのため、機械式穴あけとは発生メカニズムが違うが、レー
ザー・アブレーションで完全に除去されず、ビア底部に焼き付けられたように
残った樹脂、あるいは穴周囲の表面銅層に飛び散った樹脂を樹脂スミアと呼
ぶ。ビア底部の樹脂スミアは、機械式ドリルで発生したものと同様に、内層回
路とビアめっき層の接続の障害になる。

　通常、機械式穴あけでもレーザー穴あけでも、穴あけ後にデスミア
（desmear：スミア除去）処理を行い、接続不良を防止しているが、発生した
樹脂スミアが過大の場合は除去できず、不良につながる。

　プリント配線板の樹脂材料としてはエポキシ樹脂が使われる場合が大部分で
あるため、樹脂スミアをエポキシスミアと称する場合もある。

———　———　———

　この章で取り上げていない専門用語に関しては、『プリント回路技術用語事
典』（第3版，日刊工業新聞社，2010）を参照されたい。

コラム：外来語末尾の長音記号について

　このコラムのテーマは、「コンピューター」（computer）、「プリンター」（printer）などの外来語の末尾に長音記号「ー」をつけるかどうかという、外来語表記の問題である。

　一般的には、すなわち新聞などのメディアでは、平成3年（1991年）6月28日の内閣告示第2号『外来語の表記』の次の方式を用いている。

> 　英語の語末の-er、-or、-arなどに当たるものは、原則としてア列の長音とし長音符号「ー」を用いて書き表す。ただし、慣用に応じて「ー」を省くことができる。

というルールである。ところがJIS規格では、JIS Z8301『規格票の様式及び作成方法』の中で、独自のルールを使うよう規定していた（あくまでもJIS規格の作成時に用いるルールである）。この規格の附属書G『文章の書き方，用字，用語，記述符号及び数字』の『G.6.2外来語の表記』に次のように規定されていた（要約）。

> a）3音以上の言葉には、語尾に長音符号を付けない。
>
> b）2音以下の言葉には、語尾に長音符号を付ける。
>
> c）複合の語は、それぞれの成分語について、上記 a)又は b)を適用する。
>
> d）a)〜c）による場合で、長音符号（「ー」）、撥音（「ん」）、および促音（「っ」）は、それぞれ1音と認め、拗音（「ゃ」など）は1音と認めない。

この省略ルールに従うと、computerは「コンピュータ」となる。

　この表記は、おもに電子・情報科学関連の技術文書で多く用いられた。

　ところが、この長音記号省略ルールは一般的には用いられていなかった。例えば2008年にマイクロソフトは「一般的な表記に合わせる」という理由で、日本語ウィンドウズなどでの表記を長音符号付きに変えて、「コンピューター」、「エクスプローラー」、「プリンター」などを使うように変更した（Windows 7以降）。

　さらに、JIS規格（JIS Z8301）自体も、2019年の改正でこの外来語に関する独自規定を廃止し、上記の内閣告示を参照する1行のみの規定になった。

　この書籍でも初版（2009年発行）では「長音省略ルール」を採用していたが、このような状況変化を考慮して、再版では

- 語尾の「ー」を省くのは、慣用的に省かれている語に限る。
- 無理に統一はしない。

を原則とした。

　したがってこの新版では「エッチファクター」、「アンダーカット」などの一般的な表記になっている。

あとがき（監修者からのことば）

初版の発行から12年が経過しました。

　読者の皆様からは、最新技術による再販のご要望をいただいておりましたが、諸般の事情で今日になりました。

　回路形成技術の業界動向は、高精細化への移行でSAP法、MSAP法が主体でしたが、今日では再びエッチング技術の進化と低コストを求め、サブトラクティブ法に移行する傾向にあります。

　また、5G、EVへの対応として基板の厚銅化が進み、これらへの対応を加えエッチング技術の高度化が要求されてきたため、研究開発を急いでおります。

　これらの業界ニーズにお応えするべく、弊社は二流体技術を超えた高エッチファクターの開発も進めており、近日中に発表できると期待しています。

　出版にあたり新たにプロセス面に於いて、メック株式会社の中川登志子様のご協力が得られ、最新技術に合せ充実した資料により完成しました。

　執筆の皆様及び技術資料のご提供をいただいた各位に対し厚く御礼申し上げます。

　　2021年12月

神津 邦男

索　引

◆著者略歴

中川登志子（なかがわ　としこ）

1984年大阪大学薬学部卒業、同年メック株式会社に入社し、プリント基板向け表面処理薬品に携わる。はんだ剥離剤、マイクロエッチング剤や粗化剤などの銅表面処理剤の開発にかかわり、特に半導体パッケージ基板での密着改善プロセスを担当した。研究開発本部長を経て、2011年事業部長(営業統括)、企画室長等を歴任し、取締役兼常務執行役員経営企画本部長として現在に至る。

雀部俊樹（ささべ　としき）

1974年東京工業大学工学部電気化学科を卒業、東京芝浦電気㈱（現 ㈱東芝）に入社。プリント配線板の製造技術、研究開発、工場設計、プラント輸出に携わる。1988年同社を退社、日本ディジタルイクイップメント㈱（日本DEC）入社。プリント配線板調達・品質管理・業者認定に携わる。1998年同社を退社、シプレイ・ファーイースト㈱（現ローム・アンド・ハース電子材料㈱）入社。2006年同社を退社、荏原ユージライト㈱（現㈱JCU）入社。2007年同社を退社、㈱メイコー入社、プリント配線板製造技術開発、知財に携わる。2011年同社を退社。2012年雀部技術事務所設立。著書として「プリント回路技術用語辞典（第3版）」（共著）2010年、「本当に実務に役立つプリント配線板のめっき技術」（共著）2012年、「本当に実務に役立つプリント配線板の研磨技術」（共著）2018年、「実務に役立つプリント配線板の回路形成技術」（共著）2019年（すべて日刊工業新聞社刊）がある。

秋山政憲（あきやま　まさのり）

1978年日本大学理工学部工業化学科卒業。同年、リズム時計工業㈱に入社し、金属ベース基板等の製造および生産技術に携わる。1987年同社を退社し、山梨アビオニクス㈱に入社。高多層基板の生産技術を担当。2002年同社を退社し、日本シイエムケイ㈱に入社。日本シイエムケイマルチ㈱にて、品質改善および生産技術を担当。2007年同社を退社し、翌年㈱ケミトロンに入社。エッチング装置、めっき装置の開発、評価に従事。著書として「本当に実務に役立つプリント配線板のめっき技術」（共著）2012年、「本当に実務に役立つプリント配線板の研磨技術」（共著）2018年、「実務に役立つプリント配線板の回路形成技術」（共著）2019年（すべて日刊工業新聞社刊）がある。

片庭哲也（かたにわ　てつや）

1998年茨城大学工学部電気電子工学科卒業。同年、日立マクセル㈱に入社。光磁気ディスク、光学部品の生産技術、品質管理に携わる。2011年同社を退社し、高砂製紙㈱に入社。電気設備の保守、機器更新を行う。2012年同社を退社し、㈱ケミトロンに入社。エッチング、めっきのプロセス開発に従事。著書として「本当に実務に役立つプリント配線板の研磨技術」（共著）2018年、「実務に役立つプリント配線板の回路形成技術」（共著）2019年（すべて日刊工業新聞社刊）がある。

加藤凡典（かとう　かずのり）

1978年早稲田大学大学院理工学研究科修了後、大日本印刷（株）入社。カラーブラウン管用シャドウマスク、半導体用リードフレーム、半導体パッケージ関連技術の開発、生産技術、マーケティングを担当。1997年（有）エー・アイ・ティ設立。著書として「本当に実務に役立つプリント配線板のめっき技術」（共著）2012年（日刊工業新聞社刊）がある。

◆ 監　修

神津邦男（こうづ　くにお）

1957年國學院大学文学部卒業。秋元産業㈱入社、めっき薬品の販売に従事。1962年秋元産業㈱機械事業部長を兼務し秋元工業㈱（現日本工㪺㈱）設立、専務取締役として計装機器の製造販売に従事。1966年東洋技研工業㈱を設立、常務取締役に就任。建材用自動アルマイト装置を開発し製造販売。1970年プリント配線板の自動めっき装置（VCP）を開発し製造販売。1997年㈱アルメックス副社長を退任、1998年㈱ケミトロン社長に就任。プリント配線板のめっき装置及びエッチング装置の製造販売。

◆ 査　読

今関貞夫（いまぜき　さだお）

1946年生、千葉県出身。1969年信州大学繊維学部繊維工業化学科卒業、日本染色㈱、日本ユニゲル㈱を経て1975年㈱伸光製作所に入社。以後、水質関係公害防止管理者を25年間兼務しながら製造技術・開発技術・品質管理・製造設備設計・工場建設・技術営業・環境管理・特許調査などに長年従事し2004年退職。1989年よりプリント配線板製造技能検定試験検定委員として2007年長野県知事賞を受賞。2013年厚生労働大臣功労賞を受賞。NPOサーキットネットワーク監事。信州大学学士山岳会所属。

「本当に実務に役立つ
プリント配線板のエッチング技術 第 2 版」
書籍サポートページ

https://jisso.jp/books/etching/

本当に実務に役立つ

プリント配線板のエッチング技術　第2版　　NDC549

2009年 5 月30日　初版 1 刷発行
2021年12月28日　第2版 1 刷発行

（定価はカバーに 表示してあります）

ⓒ　著　者　　中川登志子　雀部俊樹　秋山政憲　片庭哲也　加藤凡典
　　監　修　　神津　邦男
　　発行者　　井水　治博
　　発行所　　日刊工業新聞社
　　　　　　　〒103-8548　東京都中央区日本橋小網町14-1
　　電　話　　書 籍 編 集 部　03（5644）7490
　　　　　　　販売・管理部　03（5644）7410
　　ＦＡＸ　　03（5644）7400
　　振替口座　　00190-2-186076
　　ＵＲＬ　　https://pub.nikkan.co.jp/
　　e-mail　　info@media.nikkan.co.jp
　　印刷・製本　新日本印刷